中新、中澳
建筑设计施工标准对比解读

陈　健　主编

中国建材工业出版社

图书在版编目（CIP）数据

中新、中澳建筑设计施工标准对比解读/陈健主编．
--北京：中国建材工业出版社，2022.12
ISBN 978-7-5160-3607-5

Ⅰ.①中… Ⅱ.①陈… Ⅲ.①建筑工程—工程施工—标准—对比研究—中国、新西兰、澳大利亚 Ⅳ.①TU711

中国版本图书馆 CIP 数据核字（2022）第 218537 号

中新、中澳建筑设计施工标准对比解读
Zhong Xin, Zhong Ao Jianzhu Sheji Shigong Biaozhun Duibi Jiedu
陈　健　主编

出版发行：中国建材工业出版社
地　　址：北京市海淀区三里河路 11 号
邮　　编：100831
经　　销：全国各地新华书店
印　　刷：北京印刷集团有限责任公司
开　　本：710mm×1000mm　1/16
印　　张：6
字　　数：90 千字
版　　次：2022 年 12 月第 1 版
印　　次：2022 年 12 月第 1 次
定　　价：58.00 元

本社网址：www.jccbs.com，微信公众号：zgjcgycbs

本书如有印装质量问题，由我社市场营销部负责调换，联系电话：（010）57811387

本书编委会

主编单位：湖南建工集团有限公司

参编单位：湖南大学

湖南建设投资集团有限责任公司

中湘海外建设发展有限公司

湖南省第六工程有限公司

湖南建工新西兰有限公司

主　　审：陈　浩

主　　编：陈　健

副 主 编：潘洪伟　张明亮　厉碧磊　王江营

参编人员：余国辉　姚　熙　李振来　李长花

郭挽涛　彭琳娜　阳　凡　冯昱溥

孟宪武　胡　佳　瞿开勇　刘　维

陈俊凌　张倚天　徐　茜　蔡子勇

前言

作为经济发达地区，新西兰和澳大利亚进口产品、服务的比例都相当高，对于建筑施工企业来说，进入新西兰、澳大利亚市场，不仅可以提升其国际竞争力，还可以创造更大的利润空间。同时，新西兰和澳大利亚已经签订了双边互认协议，一方通过认证的技术、产品，基本上都可以在双方市场使用、销售。

技术类法规属于国际通行的法律规程，是国家主权的体现，在国际关系中十分敏感，欧洲国家比较忌惮中国的技术、标准，导致中国的技术、产品直接进入欧洲市场阻碍较大。而新西兰、澳大利亚均为英联邦体系国家，产品、技术标准均以英国标准为基础制定。

积极开展中新、中澳标准对比研究，将中国的技术、产品、标准与新西兰、澳大利亚标准对比研究的过程中得到检验、不断改进，可以树立中国技术、标准的国际品牌，可以缩小中国标准与英标体系下的技术差距，消除中国技术、标准与国际的壁垒，为中国产品、技术及标准进入其他英标体系国家与欧洲国家奠定基础。此外，通过加大对新西兰标准、澳大利亚标准的研究力度，积极适应国际标准，加强对外承包工程质量、履约等方面管理，在住房等民生项目中发挥积极作用，施工企业可以积极有序地开拓英联邦国家及欧洲等西方市场。

本书在编写过程中，得到了相关部门及单位领导的大力支持，得到了湖南省国际科技创新合作基地（2019CB1003）、湖南建工集团科技计划项目（JGJTK2021-05）、湖南建工集团科技计划项目

（JGJTK2019-06）、湖南建工集团科技计划项目（JGJTK2019-12）的资助。本书凝聚了专家、教授、学者们的智慧、辛劳与奉献，在此表示诚挚的感谢！

当然，由于时间匆促与经验水平所限，本书难免存在不足、错漏，甚至不当之处，诚挚欢迎大家批评指正，再版时我们一定会做得更好！

2022.10

目录

上篇　中国与新西兰
建筑设计施工标准对比

第一章　中国与新西兰抗震规范对比分析

第二章　中国与新西兰混凝土结构规范对比分析

第三章　中国与新西兰轻型木结构设计标准技术内容对比研究与思考

第四章　中国与新西兰门窗标准的对比研究

下篇　中国与澳大利亚建筑设计施工标准对比

第五章　中国与澳大利亚抗震设计规范对比研究

第六章　中国与澳大利亚混凝土规范配筋量对比

上篇

中国与新西兰建筑设计施工标准对比

第一章　中国与新西兰抗震规范对比分析

本章首先介绍了澳大利亚规范和新西兰规范之间的关系以及新西兰规范的应用背景。对比分析中国和新西兰抗震规范在抗震设防水准、场地类别、弹性反应谱、地震作用计算方法等方面的异同，根据算例对比了中、新两国抗震规范中不同场地类别和延性系数下的地震作用。分析结果表明，中、新两国抗震规范中抗震设防水准、场地类别的划分大致是相近的，但在反应谱的表达形式、参数的确定和地震作用取值上存在差异。

目前澳大利亚和新西兰两国逐步将各自规范体系融合为统一的澳新标准体系（AS/NZS），但对于抗震设计规范，两国仍各自发布。其中澳大利亚规范中有关抗震设计的内容主要针对低烈度区，新西兰规范中有关抗震设计的内容主要针对高烈度区。在结构设计上，澳、新两国共同颁布的澳新标准体系 AS/NZS 1170 系列规范为最基本的设计准则；AS/NZS 1170 共分为 AS/NZS 1170. 0 ~ AS/NZS 1170. 5 六个部分，内容分别为：基本规定、恒活荷载、风荷载、冰雪荷载、澳大利亚地震作用、新西兰地震作用。本章主要基于其中的《澳大利亚、新西兰结构设计基本规定》（《Structural design actions part 0：general principles》AS/NZS 1170. 0）和《新西兰抗震设计规定》（《Structural design actions part 5：earthquake actions-New Zealand》NZS 1170. 5）与中国的《建筑抗震设计规范》（GB 50011—2010）进对比分析。

在《新西兰混凝土结构规范》（《Concrete structures standard part 1-the design of concrete structures》NZS 3101）中也有多处内容与抗震相关，主要规定了混凝土结构设计时各类参数的具体取值以及构造要求。此外，新西兰规范委员会拟对《新西兰钢结构规范》（《Steel structures standard》NZS 3404）进行全面修编，在 2009 年颁布了关于材料、制造、施工的 NZS

3404. Part1 部分；关于钢结构抗震设计的 NZS 3404. Part7 部分目前尚未颁布。本章从地震设防水准、场地类别、弹性反应谱以及地震作用调整系数四个方面对中国与新西兰规范的异同进行对比分析，并且采用混凝土框架结构算例对比了中、新抗震规范计算时结构基底剪力水平的差异。

第一节　设计分类与设防水准

在依据新西兰规范进行设计时，《澳大利亚、新西兰结构设计基本规定》（AS/NZS 1170.0）将抗震设防分为五个级别，其划分标准见表 1.1。

表 1.1　新西兰建筑抗震设防类别

设防类别等级	描述	举例
1	对生命财产影响较小的建筑	小于 30m² 的建筑物；偏远山区的独栋建筑物或农舍；篱笆、桅杆、围墙、地下泳池
2	普通建筑物	不包含于 1、3、4 级中的建筑物
3	容纳较多人群聚集的建筑	超过 300 人聚集的建筑；超过 250 人的中小学；超过 500 人的大学；超过 250 人的航站楼；容纳人数超过 5000 人或总建筑面积超过 10000m² 的住宅、商店、办公楼；建筑面积超过 1000m² 的剧院、电影院（略去原规范部分举例）
4	灾后需要维持功能的建筑	医疗救援设施；消防队、警察局、救援车库；储存救援物资的建筑（略去原规范部分举例）
5	超过规范规定外，需要进行特别研究的特殊建筑	具备特殊功能或其毁坏会造成大面积（如 $1 \times 10^8 m^2$）或大量人口（如 10 万人）受灾的建筑

由表 1.1 可见，新西兰对建筑抗震设防类别的划分原则与我国基本类似：其中设防等级 5 级、4 级、2 级、1 级可大体对应我国的抗震设防类别甲类、乙类、丙类、丁类；而设防等级 3 级由于具体划分数据的差异，部分建筑物对应我国乙类，部分对应丙类。

在《澳大利亚、新西兰结构设计基本规定》(AS/NZS 1170.0) 中，抗震设计需进行承载能力极限状态和正常使用极限状态两个极限状态的验算。两个状态验算均可采用弹性方法计算，但需要采用不同回归期的地震作用和不同的计算参数。对于承载能力极限状态验算的设计目标是保证结构在地震作用下不发生倒塌，保证建筑物内部和外部人员的生命安全，避免涉及人员疏散的非结构构件发生损坏。正常使用极限状态验算分为 SLS1 和 SLS2 两类，SLS1 状态验算的设计目标是在地震发生后结构构件和非结构构件均不需要维修，SLS2 状态验算的设计目标是要求地震发生后建筑物仍能维持功能。

在《澳大利亚、新西兰结构设计基本规定》(AS/NZS 1170.0) 中针对不同的建筑设计使用年限和不同的极限状态给出了不同的地震作用取值，设计使用年限 50 年和 100 年的数据见表 1.2。

表 1.2　年超越概率及地震作用调整系数

设计使用年限	设防类别等级	承载能力极限状态		SLS1 正常使用状态		SLS2 正常使用状态	
		回归期/年	地震作用调整系数 R_u	回归期/年	地震作用调整系数 R_s	回归期/年	地震作用调整系数 R_s
50 年	1	100	0.5	不做要求	—		—
	2	500	1.0	25	0.25	不做要求	—
	3	1000	1.3	25	0.25		—
	4	2500	1.8	25	0.25	500	1.0
100 年	1	250	0.75	不做要求	—		—
	2	1000	1.3	25	0.25	不做要求	—
	3	2500	1.8	25	0.25		—
	4	需进行专门研究		25	0.25	专门研究	—

由表 1.2 可见设计使用年限 50 年的抗震设防类别 2 级建筑物，其承载能力极限状态的设计地震回归期为 500 年，与我国《建筑抗震设计规范》(GB 50011—2010) 中 475 年的中震设防标准基本相同，只是做了取整处理；所对应的正常使用极限状态的设计地震回归期为 25 年，其地震作用

约为基本烈度的1/4，低于我国小震设防烈度水准。

对于乙类建筑，我国《建筑抗震设计规范》（GB 50011—2010）在内力计算时不对地震作用标准值进行调整，而是通过提高抗震措施的方法，采用更大的系数对构件的组合内力设计值进行调整。而在《澳大利亚、新西兰结构设计基本规定》（AS/NZS 1170.0）中，3级、4级、5级抗震设防类别的建筑物均需相对2级建筑物在内力计算时取用更高的地震作用标准值。

我国《建筑工程抗震性态设计通则》（CECS 160：2004）所给出的设计使用年限100年、相对设计使用年限50年的地震作用调整系数为1.3～1.4，与《澳大利亚、新西兰结构设计基本规定》（AS/NZS 1170.0）的规定基本相同。

第二节　场地类别划分

《新西兰抗震设计规定》（NZS 1170.5）中将建筑场地划分为A～E五类。

由表1.3可见，在《新西兰抗震设计规定》（NZS 1170.5）中，除了采用剪切波速作为场地划分指标外，还采用了卓越周期（定义为剪切波由基岩传递到地表所需时间的4倍）、岩土层强度、标贯数等指标作为场地类别划分依据。

对于A类和B类岩石类场地，《新西兰抗震设计规定》（NZS 1170.5）要求同时满足岩石强度和剪切波速两个指标；其中A类硬质岩石场地的覆盖层剪切波速为1500m/s，比我国《建筑抗震设计规范》（GB 50011—2010）中I_0类硬质岩石场地剪切波速800m/s的要求要高。

为方便对比，本章不考虑中、新两国规范在基岩面确定和剪切波速测定的差异，仅考虑中、新两国场地划分中的剪切波速和覆盖层厚度指标，且将新西兰规范中的场地卓越周期指标转换为剪切波速－覆盖层厚度关系，可将中、新两国的场地划分情况集中绘制到图1.1中。

表 1.3 新西兰建筑场地类别

场地类别	岩土性状
A 硬质岩土场	天然抗压强度大于 50MPa；并且 30m 深度范围内剪切波速大于 1500m/s；并且下部不存在天然抗压强度小于 18MPa 或剪切波速小于 600m/s 的地层
B 岩石场地	天然抗压强度大于 1MPa 小于 50MPa；并且 30m 深度范围内剪切波速大于 360m/s；并且下部不存在天然抗压强度小于 0.8MPa 或剪切波速小于 300m/s 的地层
C 浅土质场地	不属于 A、B、E 场地；并且场地卓越周期小于或等于 0.6s 或者土层深度满足 C 类场地最大土层深度（表 1.4）
D 深土质场地	不属于 A、B、E 场地；并且场地卓越周期大于 0.6s，或者土层深度大于 C 类场地最大土层深度（表 1.4），或者下方 10m 范围内的土体剪切强度小于 12.5kPa 或标贯数少于 6 击
E 极软土质场地	有超过 10m 的土层满足以下条件或者几个满足以下条件的土层累计厚度大于 10m：抗剪强度小于 12.5MPa，或者标贯数小于 6 击，或者剪切波速小于 150m/s

表 1.4 C 类场地最大土层深度

土的类型	有黏结土		土的类型	无黏结土	
	不排水抗剪强度代表值/kPa	最大覆盖层厚度/m		不排水抗剪强度代表值/kPa	最大覆盖层厚度/m
极软土	<12.5	0	松散	<6	0
软土	12.5~25	20	稍密	6~10	40
坚固土	25~50	25	中密	10~30	45
坚硬土	50~100	40	密实	30~50	55
极硬土	100~200	60	极密	>50	60

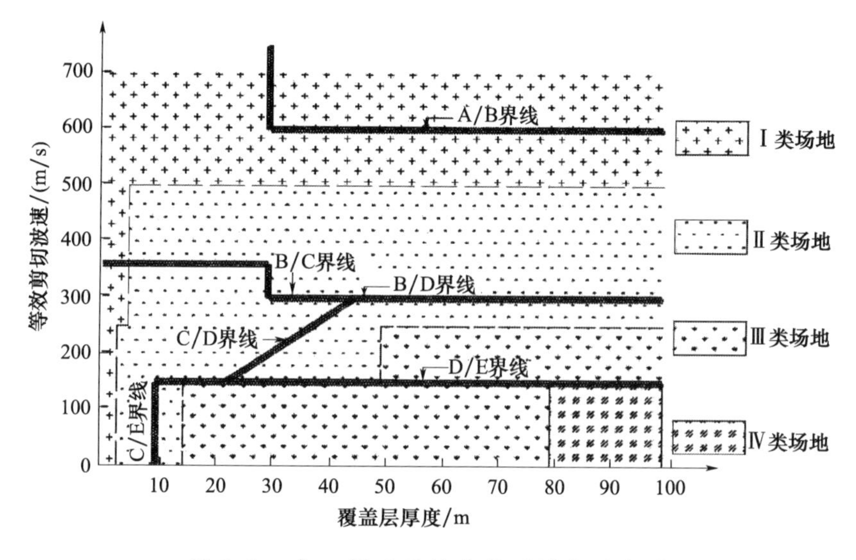

图 1.1　中、新两国场地类别划分对比图

由图 1.1 可见，《新西兰抗震设计规定》（NZS 1170.5）中的 B 类场地大部分情况下相当我国《建筑抗震设计规范》（GB 50011—2010）中的Ⅱ类场地，少部分会相当我国Ⅰ类场地；C 类场地大致相当我国Ⅱ类场地；D 类场地部分对应我国Ⅱ类场地，部分对应我国Ⅲ类场地。

我国《建筑抗震设计规范》（GB 50011—2010）对于等效剪切波速小于 150m/s 且覆盖层厚度大于 80m 的情况才划入Ⅳ极软场地类别，而 NZS 1170.5 规定当有超过 10m 土层等效剪切波速小于 150m/s 即划入 E 类场地。因此当采用新西兰规范判断时，极软场地范围会远大于我国；新西兰规范中的 E 类场地大致会涵盖我国《建筑抗震设计规范》（GB 50011—2010）中的Ⅲ、Ⅳ类场地。

第三节　设防烈度下的弹性反应谱

在《新西兰抗震设计规定》（NZS 1170.5）中设防烈度下的弹性反应谱表示为：

$$C(T)=C_h(T)\cdot Z\cdot R\cdot N(T,D) \tag{1.1}$$

式中，$C_h(T)$ 为反应谱谱形函数，其确定了反应谱的形状；Z 为当地设防烈度所对应的地面运动峰值加速度；R 为地震作用回归期调整系数，详见表 1.2 中的 R_u 和 R_s 取值；N（T，D）为近场影响系数。

3.1　谱形函数

表 1.5 中括号内数据为采用振型分解反应谱法时采用，括号外数据为采用底部剪力法时采用，其实质相当于采用底部剪力法时反应谱取消了上升段。考虑到自振周期小于 0.1s 的建筑物多为较矮的刚性建筑；该谱形所产生的效果与我国《建筑抗震设计规范》（GB 50011—2010）所规定的“多层砌体房屋、底部框架砌体房屋采用底部剪力法计算时水平地震影响系数取反应谱最大值”的要求基本一致；但覆盖的建筑结构类型会更广泛。以下讨论中，所涉及的新西兰规范反应谱均指振型分解反应谱方法所用谱形。现将新西兰规范地震反应谱曲线绘制于图 1.2。

表 1.5　NZS 1170.5 中的谱形函数主要周期点的函数值

反应谱周期 T/s	场地类别			
	A&B	C	D	E
0.0	1.89（1.0）	2.36（1.33）	3.00（1.12）	3.00（1.12）
0.1	1.89（2.35）	2.36（2.93）	3.00	3.00
0.2	1.89（2.35）	2.36（2.93）	3.00	3.00
0.3	1.89（2.35）	2.36（2.93）	3.00	3.00
0.4	1.89	2.36	3.00	3.00
0.5	1.60	2.00	3.00	3.00
0.6	1.40	1.74	2.84	3.00
0.7	1.24	1.55	2.53	3.00
0.8	1.12	1.41	2.29	3.00
0.9	1.03	1.29	2.09	3.00
1.0	0.95	1.19	1.93	3.00
1.5	0.70	0.88	1.43	2.21
2.0	0.53	0.66	1.07	1.66
2.5	0.42	0.53	0.86	1.33

续表

反应谱周期 T/s	场地类别			
	A&B	C	D	E
3.0	0.35	0.44	0.71	1.11
3.5	0.26	0.32	0.52	0.81
4.0	0.20	0.25	0.40	0.62
4.5	0.16	0.20	0.32	0.49

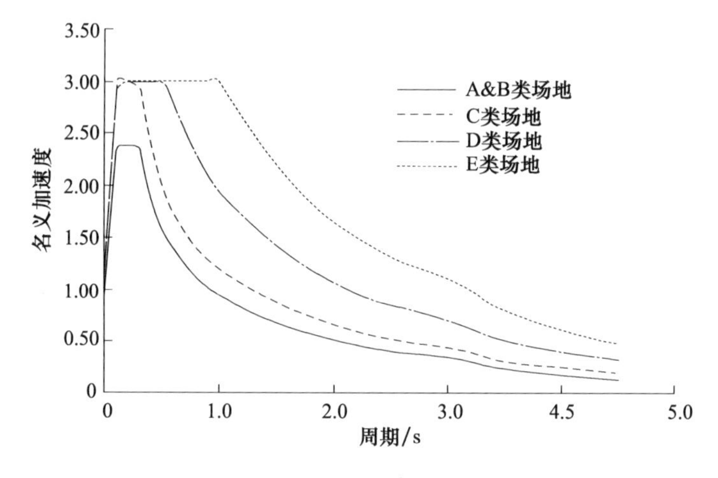

图 1.2　新西兰地震反应谱曲线

由图 1.2 可见，《新西兰抗震设计规定》（NZS 1170.5）在地面输入弹性反应谱时，在 $T=0.05$s 时对不同场地类别采用不同的反应谱取值，A&B 类名义加速度为 C 类的 0.75 倍，D、E 类名义加速度为 C 类的 0.84 倍；$T=0.05$s 时取值与反应谱平台段的比值为 0.53、0.45、0.37、0.37。新西兰规范中由 A&B 类场地 ~ E 类场地不仅反应谱平台段宽度逐步加宽，而且平台段反应谱取值也逐步加大，E 类极软场地的平台段取值约为 A&B 岩石类场地平台段取值的 1.28 倍。

我国《建筑抗震设计规范》（GB 50011—2010）中各类场地的地震影响系数在 $T=0.0$s 处一律采用相同的取值 $0.45\alpha_{max}$，即平台段的 0.45 倍，我国规范认为这样更符合 $T=0.05$s 时（刚体）动力不放大的规律。同时，我国《建筑抗震设计规范》（GB 50011—2010）中不同场地类别的差异只体现于0.1s ~ T_g的反应谱平台段宽度不同，反应谱平台段取值是相同的。

考虑到在对一个区域进行抗震设防烈度划分时，都是基于标准场地的地面运动加速度（我国基于Ⅱ类场地，新西兰基于C类场地）。虽然刚体相对地面运动加速度不会发生动力放大；但是同一个地震设防分区内，不同场地覆盖层对于基岩地震波具有不同的放大效应，不同类别场地的自由地面运动加速度相对标准场地的自由地面运动加速度应该是不同的。因此对于 $T = 0.05$s 处的反应谱取值，《新西兰抗震设计规定》（NZS 1170.5）的规定更具有合理性。对比《新西兰抗震设计规定》（NZS 1170.5）中不同场地类别的反应谱形函数可以发现，C、D、E 类土质场地在 $T = 0.0$s 的地面自由场地运动均大于 A&B 类岩石场地，体现了场地土对基岩地震运动的放大作用。另需引起注意的是，在《新西兰抗震设计规定》（NZS 1170.5）中D、E 类土质场地虽然反应谱平台段取值大于C 类土质场地的，但在 $T = 0.05$s 处反应谱取值却小于 C 类场地，也就是认为虽然软土上建筑物可能会遭受到更大的地震作用，但深厚软土覆盖层对基岩地震加速度的放大作用是小于一般土质场地的。

3.2　近场影响系数

我国《建筑抗震设计规范》（GB 50011—2010）中规定地震断裂带两侧 10km 以内的结构，地震动参数应计入近场效应，5km 以内宜乘以增大系数 1.5，5km 以外宜乘以不小于 1.25 的增大系数。《新西兰抗震设计规定》（NZS 1170.5）对处于断裂带 20km 范围内的建筑物在结构设计中引入了近场影响系数 N（T，D）反映近场效应，且在其区划图中明确了需要考虑近场地震的城镇。现将此系数取值绘制于图 1.3。

由图 1.3 可见，该系数主要与建筑物自振周期 T 和距离断裂带距离 D 有关：对于长周期建筑物，该放大系数较大，对于自振周期小于 1.5s 的建筑物则不考虑断裂带对其的影响；随着距离断裂带距离的增加，近场影响系数 N（T，D）数值线性减小，当达到 20km 后，不再考虑断裂带的近场效应。该放大系数对于地震作用的最大放大倍数达到 1.72 倍，最大影响距离达到 20km，表明《新西兰抗震设计规定》（NZS 1170.5）对近场效应的考虑严于《建筑抗震设计规范》（GB 50011—2010）的有关规定；且 NZS 1170.5 中近场效应系数与建筑物自振周期相关，其考虑因素更为细化。

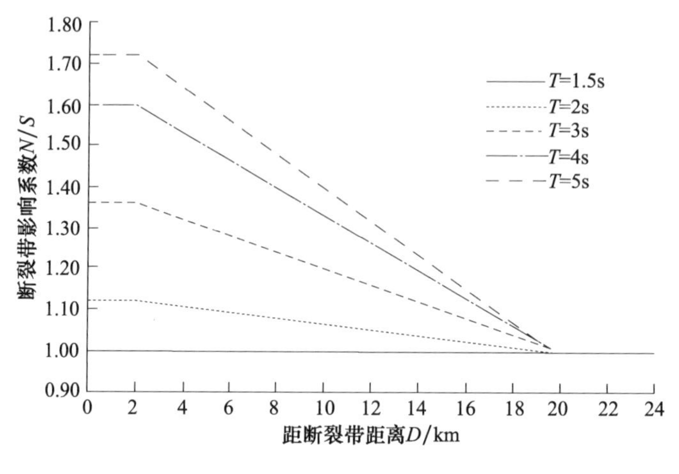

图 1.3　近场影响系数 N（T，D）

第四节　地震作用降低系数

各国规范大多不直接采用设防烈度下的弹性反应谱作为地震计算输入，而是采用较小的设计反应谱作为地震计算输入。

在我国的“三水准、两阶段”的抗震设计目标中，采用多遇地震强度作为地震计算输入，设计地震作用强度约为设防烈度地震作用强度的30%。新西兰规范与世界绝大部分国家的抗震设计方法类似：针对不同抗侧力体系的延性水平采用不同的折减系数，对设防烈度下的弹性反应谱折减后作为地震计算输入。

在《新西兰抗震设计规定》（NZS 1170.5）中，承载能力极限状态下的设计反应谱表达为：

$$C_d(T)=\frac{C(T)S_p}{k_\mu} \tag{1.2}$$

正常使用极限状态下的设计反应谱表达为：

$$C_d(T)=C(T)S_p \tag{1.3}$$

在《新西兰抗震设计规定》（NZS 1170.5）中采用结构性能系数 S_p 与反应谱非弹性因素折减系数 k_μ 一同对弹性反应谱 C（T）进行折减，S_p 与 k_μ 则又均与结构延性系数 μ 相关。延性系数 μ 主要体现抗侧力结构在地震作用下进入弹塑性状态后动力特性的改变。而结构性能系数 S_p 则体现了下述抗侧力结构弹塑性因素之外的其他相关因素：

（1）地震作用的峰值加速度仅在一个瞬间出现，其不可能对结构造成显著损坏。

（2）由于应变硬化、加载速率等因素的影响，地震作用下构件实际承载力通常高于计算所用承载力。

（3）由于非结构构件的影响，地震作用下结构整体的承载能力高于计算分析所用的抗侧力体系承载能力。

（4）由于非结构构件以及地基基础的实际贡献，地震作用下结构整体耗能能力高于计算分析所用的抗侧力体系耗能能力。

在承载能力极限状态计算中，当 $\mu \geqslant 2$ 时，S_p 取 0.7；当 $1 \leqslant \mu < 2$ 时，$S_p = 1.3 - 0.3\mu$；在正常使用极限状态计算中 S_p 取 0.7。

延性系数 μ 主要与抗侧力结构的材料和延性构造措施相关，保证通过延性系数 μ 折减后的结构弹性计算结果与设防烈度下结构的弹塑性计算结果等效。

在确定延性系数 μ 时，《新西兰抗震设计规定》（NZS 1170.5）对于自振周期大于 0.7s 的结构采用了位移等效原则；对于自振周期小于 0.35s 的结构则采用能量等效原则；在自振周期介于 0.35～0.7s 之间的结构位于两类等效原则的过渡区段。因此《新西兰抗震设计规定》（NZS 1170.5）采用反应谱非弹性因素折减系数 k_μ 表示位移等效段和过渡段等效原则的差异：对于 A～D 类场地采用 0.7s 作为 k_μ 取值分界点；而对于 E 类场地为了与弹性反应谱的平台段拐点匹配，采用了 1.0s 作为分界点。反应谱非弹性因素折减系数 k_μ 取值如下：

当场地类别为 A、B、C、D 时，

当 $T_1 \geqslant 0.7$s 时：

$$k_\mu = \mu \tag{1.4}$$

当 $T_1 < 0.7$s 时：

$$k_\mu = (\mu - 1) T_1 0.7 + 1 \tag{1.5}$$

当场地类别为 E 类时，

当 $T_1 \geqslant 1$s 或 $\mu < 1.5$ 时：

$$k_\mu = \mu \tag{1.6}$$

当 $T_1 < 1\text{s}$ 且 $\mu > 1.5$ 时：

$$k_u = \frac{(\mu - 1)T_1}{0.7} + 1 \tag{1.7}$$

式中，T_1 为结构基本自振周期，计算取值不小于 0.4s。

在《新西兰抗震设计规定》（NZS 1170.5）中，根据延性系数 μ 的大小，将结构分为延性结构（3.0～6.0）、有限延性结构（1.25～3.0）、名义延性结构（1.0～1.25）、脆性结构延性系数（1.0）四个类型。在具体的结构设计规范中会根据材料特性和构造措施给出延性系数的具体取值。

第五节　中、新两国规范计算对比

本章对一混凝土框架结构，分别按照中国规范与新西兰规范进行计算，对比分析按照两国规范计算所得的底部剪力。假定所有隔墙均与主体结构柔性连接，按照中国规范计算时不考虑自振周期折减；同时在计算中均忽略楼板对梁刚度的影响。设防烈度下的地面峰值加速度假设为 0.15g，距活动断裂带距离大于 20km。结构设计使用年限 50 年，功能为一普通 8 层办公建筑，层高 3.4m，柱网尺寸 8.4m × 8.4m，主梁截面 300mm × 700mm，次梁截面 200mm × 500mm，柱截面由 800mm × 800mm 逐渐缩小为 400mm × 400mm，结构布置如图 1.4 所示。

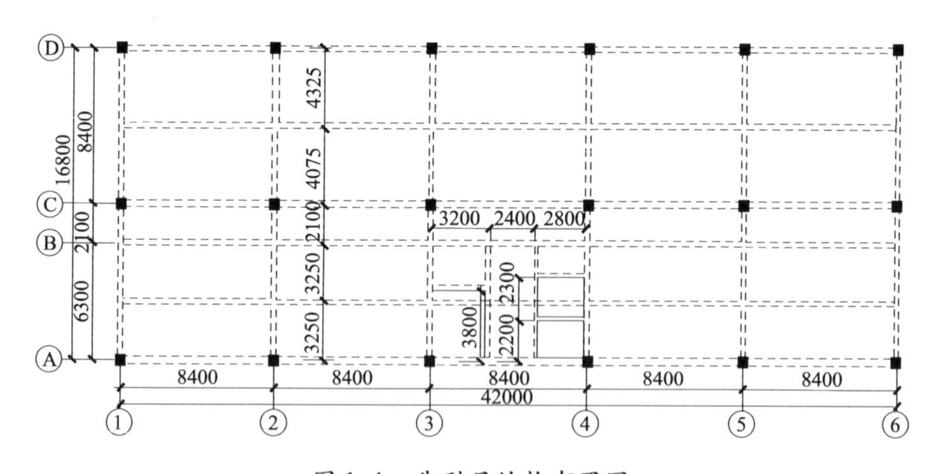

图 1.4　典型层结构布置图

在采用中国规范计算时，分别假设该结构位于Ⅰ～Ⅳ类场地；在采用新西兰规范计算时，分别假定该结构位于 A&B～E 类场地，延性系数μ分别取1.25，3.0，6.0。结构地震作用效应不考虑分项系数的相应影响，计算结果见表1.6。

由表1.6的计算结果可见，随着结构延性系数的提高，新西兰规范计算的基底剪力减小较为明显。随着场地覆盖层变柔，中、新两国规范计算的基底剪力都会增大。在标准场地条件下，本算例新西兰规范$\mu=3$时与中国规范基底剪力较为接近。取X向基底剪力比较：采用新西兰规范时 A&B 类～E 类场地条件下，结构基底剪力的比值约为1：1.25：1.97：2.95；采用中国规范Ⅰ～Ⅳ类场地条件下，结构基底剪力的比值为1：1.24：1.53：2.06。这反映了新西兰规范更充分地考虑了场地覆盖层对结构地震作用的影响。

表1.6　不同场地类别和延性系数下的基底剪力　　kN

规范	场地类别	方向	$\mu=1.25$	$\mu=3$	$\mu=6$
新西兰规范	A&B	X向	4787.86	1509.69	784.84
		Y向	4657.79	1468.67	734.34
	C	X向	5984.21	1886.92	943.46
		Y向	5821.59	1835.64	917.82
	D	X向	9455.96	2981.61	1490.81
		Y向	9196.66	2899.85	1449.92
	E	X向	14116.39	4451.12	2225.56
		Y向	13756.00	4337.48	2168.74
中国规范	Ⅰ	X向	1644.95		
		Y向	1639.20		
	Ⅱ	X向	2036.23		
		Y向	1981.80		
	Ⅲ	X向	2524.09		
		Y向	2455.62		
	Ⅳ	X向	3384.98		
		Y向	3302.72		

第六节　本章小结

本章对比分析了中、新规范中与地震输入相关的若干指标，主要得出以下结论：

（1）新西兰规范中设计使用年限50年的抗震设防类别2级的普通建筑物，其承载能力极限状态的设计地震回归期为500年，与我国《建筑抗震设计规范》（GB 50011—2010）475年的中震设防标准基本相同。

（2）新西兰规范中A&B类（岩石类场地）基本对应我国Ⅰ类场地；B类场地会大部分情况下相当我国规范中的Ⅱ类场地，少部分会相当我国规范中的Ⅰ类场地；C类场地大致相当我国规范中的Ⅱ类场地；D类场地部分对应我国规范中的Ⅱ类场地，部分对应我国规范中的Ⅲ类场地；E类场地大致涵盖我国规范中的Ⅲ、Ⅳ类场地。

（3）与我国规范不同，新西兰规范中的弹性反应谱在不同场地类别下平台段取值不同，但均大于我国弹性反应谱平台段取值。新西兰规范中的弹性反应谱在周期 $T=0.0$s 处不同场地类别取值不同，相对我国规范更具合理性。

（4）新西兰规范对近场效应的考虑严于我国规范，其近场影响系数与建筑物自振周期相关，考虑因素更为细化。

（5）在对设防烈度地震下的弹性反应谱进行折减时，新西兰规范不仅考虑了与抗侧力结构弹塑性延性性能相关的延性系数 μ；而且引入了结构性能系数 S_p 体现抗侧力结构弹塑性因素之外的其他有关因素。

（6）在标准场地条件下，我国小震计算结果接近于按新西兰规范中结构延性系数 $\mu=3$ 时计算的结果；在软土、极软土场地条件下，新西兰规范计算所得的计算结果大于我国类似场地条件下的小震计算结果。

第二章　中国与新西兰混凝土结构规范对比分析

本章按照中国规范与新西兰规范建立钢筋混凝土框架模型，比较两国规范在正常使用极限状态下弹性位移角限值的宽严程度。就中国规范算例，按照新西兰规范逐个改变设计地震作用、构件有效刚度、隔墙影响和偶然偏心率等因素，分析各因素对结构弹性位移角的影响程度，从而对比两国规范的弹性设计地震作用水平差异。

在结构设计时，弹性层间位移角是一个重要控制性指标，对结构布置与构件截面选择有着重要影响。而对于我国多遇地震作用下混凝土结构的弹性层间位移角限值相对国外规范是否过于严格一直存在着争论。

有学者针对一个框架－核心筒结构算例，分别采用了我国《建筑抗震设计规范》（GB 50011—2010）、《高层建筑混凝土结构技术规程》（JGJ 3—2010）与美国《建筑规范》（IBC—2012）进行计算分析，发现按照中国规范设计的结构其设计地震作用以及材料用量均显著高于美方设计结果；中、美设计方案在不同强度地震作用下的抗震性能却基本相当，而这一结果的一个重要原因在于我国规范对结构层间位移角的限制更为严格。

还有研究认为普通混凝土结构的特性即为带裂缝工作，在风荷载和地震作用下，只要混凝土构件内的钢筋不屈服，仍处于弹性阶段，即使混凝土开裂也不会影响结构的安全性和耐久性；而且风和地震作为短时间作用，卸载后混凝土裂缝也会闭合，因此不应采用混凝土开裂位移角作为弹性位移角控制目标。而且我国规范只考虑了隔墙刚度造成的结构周期折减，却未考虑隔墙对减小层间位移角的贡献，也不尽合理。此外，结构最大层间位移角并不完全体现与构件损坏有关的有害层间位移角。因此应该对目前的弹性层间位移角限值予以放松。2013 年所颁布的广东省标准《高层建筑混凝土结构技术规程》（DBJ 15—92—2013）体现了上述观点，其中的弹性层间位移角限值相对文献我国《建筑抗震设计规范》（GB

50011—2010）和《高层建筑混凝土结构技术规程》（JGJ 3—2010）降低了要求。

此外，还有研究认为国外规范在设计地震下的变形验算，已经是中震或大震下弹塑性变形验算，与我国规范多遇地震下的弹性变形验算不同，其层间位移角容许值自然会比我国规范所规定的限值大。而且在地震输入、结构构件在计算时的刚度取值和非结构构件变形能力要求上中外规范都有诸多差异，没有必要再对规范中的弹性层间位移角限值作进一步放宽处理。

第一节　规范简介

我国规范在抗震设计中遵循“三水准、两阶段”的设计方法，即：在多遇地震作用下，建筑主体结构不受损坏，非结构构件（包括围护墙、隔墙、幕墙和内外装修等）没有严重破坏并导致人员伤亡，保证建筑的正常使用功能；在罕遇地震作用下，建筑主体结构遭受破坏或严重破坏但不倒塌。

对各类钢筋混凝土结构和钢结构要求进行在多遇地震作用下的弹性变形验算，实现第1水准下的设防要求。弹性变形验算属于正常使用极限状态的验算；在第1水准设计中，变形验算以弹性层间位移角表示。规范以钢筋混凝土构件（框架柱和抗震墙等）开裂时的层间位移角作为多遇地震下结构弹性层间位移角限值，给出不同结构类型弹性层间位移角限值范围。

新西兰是一个地震多发国家，抗震研究水平也一直处于国际前列。其对于抗震设计的有关规范主要有《澳大利亚、新西兰结构设计基本规定》（AS/NZS 1170.0）、《新西兰抗震设计规定》（NZS 1170.5）、《新西兰混凝土结构规范》（NZS 3101）和《新西兰混凝土砌体结构规范》（NZS 4230）等。

在新西兰规范中，抗震设计分为承载能力极限状态和正常使用极限状态2个水准验算。2个状态验算水准均可采用弹性方法计算，但需要采用不同回归期的地震作用水平和不同的计算参数。

对于承载能力极限状态验算的主要目标是保证结构在地震作用下不发生倒塌，保证建筑物内部、外部人员的生命安全，避免涉及人员疏散的非结构构件发生损坏。正常使用状态验算分为SLS1和SLS2两类，SLS1状态验算的主要目标是在地震发生后结构构件和非结构构件均不需要维修，

SLS2 状态验算的主要目标是要求地震发生后建筑物仍能维持功能。

可见新西兰规范中 SLS1 状态下的弹性层间位移角限值所要实现的目标较为接近中国规范中的多遇地震作用下的弹性变形验算目标，两国规范都是为了保证主体结构以及非结构构件不发生严重破坏，不需要进行维修。

因此与新西兰规范中 SLS1 状态下的弹性层间位移角的有关规定进行对比分析，相对与其他国家规范中的大震或中震下拟弹性计算的层间位移角有关规定进行对比，对判断我国多遇地震作用下的弹性层间位移角限值是否过于严格更有参考价值。

第二节　位移角限值

中国规范中的弹性层间位移角限值主要依据结构类型进行划分，详见表2.1。

表 2.1　中国规范中混凝土结构弹性层间位移角限值

结构类型	弹性层间位移角限值
钢筋混凝土框架	1/550
钢筋混凝土框架-抗震墙、板柱-抗震墙、框架-核心筒	1/800
钢筋混凝土抗震墙、筒中筒	1/1000
钢筋混凝土框支层	1/1000

在新西兰规范中，各类结构形式在承载力极限状态下的层间位移角限值均取2.5%，该限值主要是为了控制薄弱楼层失稳的可能。而正常使用极限状态下的弹性层间位移角限值则主要与建筑内的填充墙类型相关，详见表2.2。

表 2.2　新西兰规范中正常使用极限状态下层间位移角限值

单元	现象控制	参数	单元反应
柱	出现侧倾	顶端挠度	高度/500
混凝土砌块或砖墙（沿平面方向）	明显裂缝	顶端挠度	高度/600
混凝土砌块或砖墙（垂直平面方向）	明显裂缝	顶端挠度	高度/400

续表

单元	现象控制	参数	单元反应
石膏墙体（沿平面方向）	龙骨损坏	中间挠度	高度/300
石膏墙体（垂直平面方向）	龙骨损坏	中间挠度	高度/200
窗户、外立面和幕墙	外立面损坏	跨中挠度	高度/250
固定玻璃系统	玻璃开裂	挠度	2×玻璃净距

注：表中高度和跨度均指墙体支点间净距。

中国规范中对框架结构在多遇地震下的弹性层间位移角限值是分别基于对开洞、不开洞隔墙框架的试验和有限元结果；对于框架-抗震墙结构则是基于抗震墙部分开裂层间位移角的试验和有限元结果；同时考虑设计传统和统计已有建筑物层间位移角计算结果后制定的。也就是对框架结构的层间位移角限值是考虑隔墙变形适应性能制定的，而含抗震墙结构的层间位移角限值是考虑结构墙变形适应性能制定的。

而新西兰规范正常使用极限状态下层间位移角限值则是完全考虑隔墙的变形性能制定的，而且不同部位和不同方向可根据各自所采用隔墙特性分别控制。对于采用混凝土砌块或砖墙的情况，新西兰规范的层间位移角限值与中国框架结构层间位移角限值比较接近。

第三节　地震输入

在《新西兰抗震设计规定》（NZS 1170.5）规范中规定，承载能力极限状态下的设计反应谱表达为：

$$C_d(T)=\frac{C(T)S_p}{k_\mu} \tag{2.1}$$

正常使用极限状态下的设计反应谱表达为：

$$C_d(T)=C(T)S_p \tag{2.2}$$

式中，S_p为结构性能系数；对于承载能力极限状态，当结构延性系数μ等于1.25时S_p取0.9，当μ大于等于2时，S_p取0.7；对于正常使用极限状态验算，S_p取0.7；k_μ为反应谱非弹性因素折减系数，当场地类别按照新西兰规范划分为A～D类场地且结构自振周期大于0.7s时，k_μ等于结构延性系数μ。结构延性系数μ的有关取值详见表2.3。

式(1)和式(2)中C(T)为设防烈度弹性反应谱，可按式(2.3)表示：

$$C(T)=C_h(T)\cdot Z\cdot R\cdot N(T,D) \tag{2.3}$$

式中，N(T，D)为近场效应系数，当建筑物距离活动断裂带大于20km时，取1.0；R为根据设计所采用的地震作用回归期不同的地震作用调整系数，对于按照新西兰规范划分为抗震设防类别2类的普通建筑物地震所用回归期为500年，R取1.0；正常使用极限状态的地震作用回归期为25年，R取0.25；Z为当地的设防烈度所对应的地面运动峰值加速度；C_h(T)为反应谱谱形函数，其确定了反应谱的形状，对于振型分解反应谱法计算所用谱型如图2.1所示。

表2.3 新西兰规范中混凝土结构延性系数μ取值

延性类别	结构类型	延性系数
名义延性结构		1.25
有限延性结构	框架结构	3
	抗震墙结构	3
	排架结构	2
延性结构	框架结构	6
	两片或更多片单肢抗震墙	$5/\beta_a$
	联肢抗震墙	$5/\beta_a\leq(3A+4)/\beta_a\leq 6/\beta_a$
	单片单肢抗震墙	$4/\beta_a$

注：1. 式中β_a根据抗震墙高宽比A_r计算得：$1.0<\beta_a=2.5-0.5A_r<2.0$。

2. 式中A根据抗震墙底部地震产生的轴力T_w、联肢抗震墙中心距L'和抗震墙底部地震产生的总倾覆弯矩M_{ow}计算所得：$1/3\leq A=T_w\cdot L'/M_{ow}\leq 2/3$。

3. 对于延性框架－抗震墙结构，当抗震墙部分承担底部剪力少于33%时，延性系数μ可以取6；当抗震墙部分承担的底部剪力多于67%时，μ按照抗震墙结构取值；当抗震墙部分承担的底部剪力处于两者之间时，延性系数μ通过插值获得。

根据《澳大利亚、新西兰结构设计基本规定》(AS/NZS 1170.0)规范规定在一般情况下不要求对正常使用极限状态的构件内力进行复核。但是在一些情况下，特别是对于延性水平较高的结构，在进行承载能力极限状态验算时，对于设防烈度下弹性反应谱进行了较大幅度折减时，可能存在正常使用极限状态验算得出的构件内力大于承载能力极限状态验算所得出的构件内力的情况。在这种情况下，《新西兰混凝土结构规范》（NZS 3101）规范要求：或者相应按照正常使用极限状态计算结果复核结构的设计内力；或者应在核定正常使用极限状态下的位移结果时，考虑非弹性变形的影响。

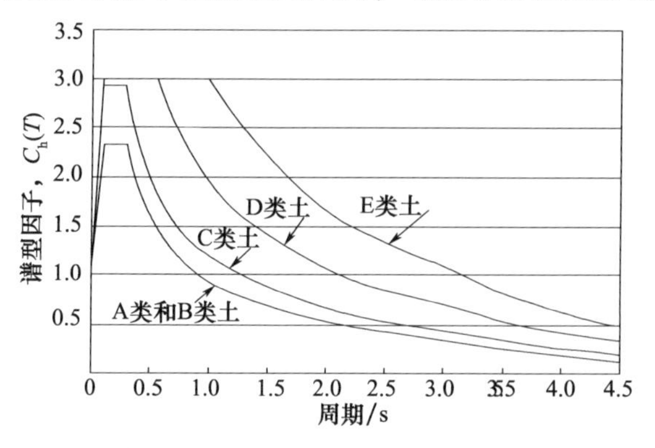

图 2. 1　新西兰规范反应谱谱型

此外，中国规范在进行单向抗震计算时，考虑 5% 建筑总长度的偶然偏心，并且在进行层间位移角计算时不考虑偶然偏心的影响；而在新西兰规范规定在层间位移角计算时则应计入 10% 建筑总长度的偶然偏心，两国规范对于偶然偏心的不同规定会对位移角的计算结果造成差异。

第四节　构件有效刚度

钢筋混凝土结构构件在进行结构计算时所采用的刚度，国外规范大多需考虑一定的非线性而取有效刚度，而中国规范则多取毛截面弹性刚度。

在新西兰规范中通常根据承载能力极限状态计算结果进行构件配筋。而承载能力极限状态下的设计反应谱是根据结构延性程度不同，由设防烈度弹性反应谱折减而来，结构延性程度越高则所采用的设计反应谱数值越小，对应的抗弯纵筋配置也越少。而不同延性结构进行正常使用极限状态验算的设计反应谱均取 25 年回归期的反应谱值，也就是结构延性程度越低的结构在正常使用极限状态的设防水准下越不容易产生裂缝。当延性系数小于 3 时，可认为计算所得的配筋量可保证在正常使用极限状态水平下构件不产生裂缝。由此也可以看出：新西兰规范中的正常使用极限状态并非要求混凝土构件完全不产生裂缝。新西兰规范中的混凝土构件有效刚度取值详见表 2. 4。

表 2.4　新西兰规范混凝土构件的有效刚度值

构件类型		承载能力极限状态		正常使用极限状态		
		$f_y=300\mathrm{MPa}$	$f_y=500\mathrm{MPa}$	$\mu=1.25$ (5)	$\mu=3$ (5)	$\mu=6$ (5)
梁	矩形截面	$0.40I_g$ (1)	$0.32I_g$ (1)	I_g	$0.7I_g$	$0.40I_g$ (1)
	T形和L形截面	$0.35I_g$ (1)	$0.27I_g$ (1)	I_g	$0.6I_g$	$0.35I_g$ (1)
柱	$N*/A_gf_c>0.5$	$0.80I_g(1.0I_g)$ (2)	$0.80I_g(1.0I_g)$ (2)	I_g	$1.0I_g$	$1.0I_g$
	$N*/A_gf_c=0.2$	$0.55I_g(0.66I_g)$ (2)	$0.50I_g(0.66I_g)$ (2)	I_g	$0.8I_g$	$0.66I_g$
	$N*/A_gf_c=0.0$	$0.40I_g(0.45I_g)$	$0.35I_g(0.35I_g)$	I_g	$0.7I_g$	
墙	$N*/A_gf_c=0.2$	$0.48I_g$	$0.42I_g$	I_g	$0.7I_g$	同承载能力极限状态有效刚度值
	$N*/A_gf_c=0.1$	$0.40I_g$	$0.33I_g$	I_g	$0.6I_g$	
	$N*/A_gf_c=0.0$	$0.32I_g$	$0.25I_g$	I_g	$0.5I_g$	
高连梁				I_g	$0.75I_g$	

注：1. 需采用 C40 混凝土弹性模量 E_{40}。
2. 括号内数值应用于较高强柱弱梁水平的情况。
3. 当计算模型中考虑节点区刚域时，表中有效刚度值应进行调整。
4. 表中 I_g、A_g 指毛截面惯性矩和毛截面面积。
5. 为承载能力极限状态验算时 μ 取值。

第五节　隔墙影响

中国规范只考虑了隔墙刚度造成的结构周期折减，对于砌体隔墙框架结构自振周期折减系数可取 0.6 ~ 0.7；框架-剪力墙结构可取 0.7 ~ 0.8；框架-核心筒结构可取 0.8 ~ 0.9；剪力墙结构可取 0.8 ~ 1.0，中国规范未考虑隔墙刚度对减小层间位移角的贡献。

《新西兰混凝土结构规范》（NZS 4230）认为：如果在计算模型中忽略填充于框架内的砌体墙的刚度贡献，可能导致地震中对相邻柱造成比较严重的剪切破坏，而且可能对整体结构的规则性造成影响。因此，或者隔墙与主体结构之间采用柔性连接措施，或者需在计算模型中将隔墙等效为一对角受压支撑来考虑其影响，其中，等效支撑宽度取 1/4 支撑对角线长度，详见图 2.2。根据《澳大利亚、新西兰结构设计基本规定》（AS/NZS 1170.0）规范，在正常使用极限状态下用于地震作用计算的延性系数 μ 取值不大于 2，可保证未采取柔性连接措施的隔墙不被破坏。

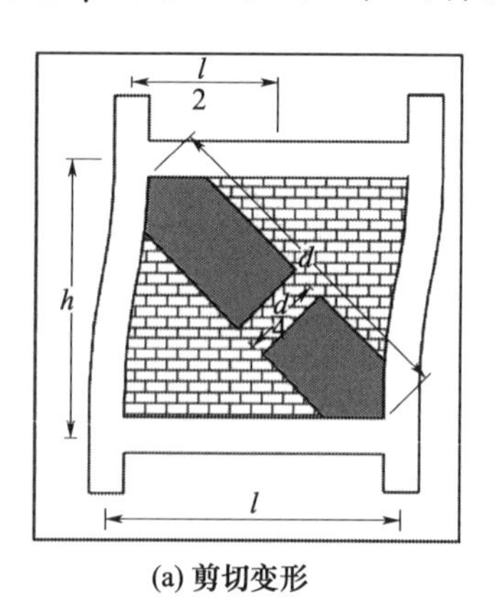

(a) 剪切变形

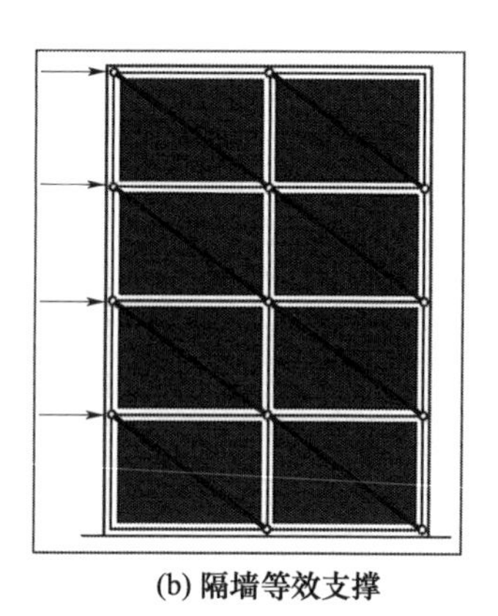
(b) 隔墙等效支撑

图 2.2　隔墙等效支撑示意图

第六节　算例对比

为进一步对比中、新两国规范对弹性层间位移角规定的差异，假设在设防烈度 0.15g，场地类别为中国规范 2 类地区构建一混凝土框架结构房屋，按新西兰规范计算时，输入条件近似中国规范，场地类别取 C 类，结构类型为有限延性框架，承载能力极限状态验算时延性系数 μ 取 3，性能系数 S_p 取 0.7，保证在相同构件截面和结构布置的情况下，均能通过中、新两国规范设计要求。对比其在两国规范体系下的层间位移角计算结果与限值之间的比值，以判断中国规范在多遇地震下的层间位移角限值与新西兰规范的正常使用极限状态下的层间位移角限值的宽严程度。

另外，针对中国规范计算的算例，分别按照新西兰规范逐个改变地震作用、构件有效刚度、隔墙影响和偶然偏心因素，以判断不同因素对两国弹性层间位移角的影响程度。

算例为普通办公建筑，设计使用年限为 50 年，构件混凝土强度等级为 C40，钢筋强度等级 300MPa，隔墙采用混凝土砌块。建筑为 8 层，层高 3.4m，柱网尺寸 8.4m × 8.4m，主梁尺寸 300mm × 700mm，次梁尺寸 200mm × 500mm，柱截面由 800mm × 800mm 逐渐缩小为 400mm × 400mm。结构典型层平面布置图如图 2.3 所示。

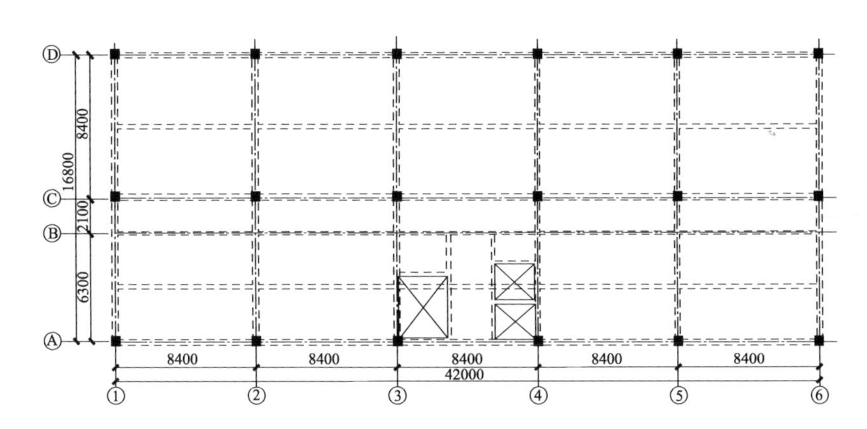

图 2.3　结构典型层平面图

综上所述建立 7 组模型，每组模型特征详见表 2.5。

表 2.5 模型特征

模型	①	②	③	④	⑤	⑥	⑦
特征	按中国规范设计；隔墙为刚性连接，周期折减系数 0.7；构件刚度不折减；不考虑偶然偏心	基于模型①；改变隔墙为柔性连接，周期不折减，折减系数调整为1.0	按新西兰规范计；增加对角受压的隔墙等效支撑；梁刚度折减系数为 0.6，柱刚度折减系数按表 2.4 为 0.7 到1.0；考虑偶然偏心率为 0.1	基于模型③；改变隔墙为柔性连接，即不增加隔墙等效支撑	基于模型②；调整基底剪力大小同模型④	基于模型②；梁刚度折减系数为0.6，柱刚度折减系数按表 2.4 为 0.7 到1.0	基于模型②；考虑偶然偏心率为 0.1

通过计算每组模型，分别得到不同因素影响下的层剪力和层间位移角，由于篇幅所限，仅列出沿楼层平面短边方向的计算结果如图 2.4 所示。

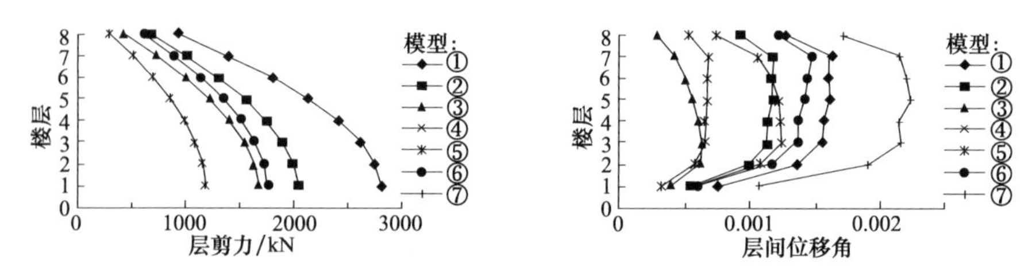

图 2.4 层剪力和层间位移角

由图 2.4 可见：模型①、模型②、模型③和模型④的最大层间位移角各自满足中国规范 1/550 和新西兰规范 1/600 的限值要求。模型①和模型②的最大层间位移角为 1/617 和 1/850，与中国规范中多遇地震下对应的位移角限值比为 89.1% 和 64.4%。而模型③和④的最大层间位移角为 1/1567和 1/803，与新西兰规范中正常使用极限状态下对应的位移角限值比为 38.3% 和 74.7%。可见：不同的隔墙连接形式下，两国规范弹性层间位移角限值的宽严程度不同。对于隔墙采用非柔性连接的结构，中国规范对层间位移角的计算及其限值的规定相比新西兰规范更为严格。对于隔墙采用柔性连接的结构，两国规范宽严程度比较接近。不同的隔墙刚度考虑方式，对框架结构弹性层间位移角计算结果有着巨大影响。

根据计算结果，将调整影响因素后各模型最大层间位移角与模型②比较，结果见表2.6。由表2.6可见：在隔墙为柔性连接的条件下，地震作用、构件刚度折减和偏心率的不同规定，均对中、新规范下层间位移角的差异影响较大，其影响方式如下：

（1）由于反应谱谱型的不同，同时在正常使用极限状态下，新西兰规范规定的地震调整系数 R 取0.25，因此新西兰规范下的地震作用与中国规范相比偏小。此外，由于地震作用大小与层间最大位移角成正相关关系，根据表2.6可知：地震作用因素对中、新规范下位移角差异的影响较为直接。

（2）对于钢筋混凝土构件，新西兰规范规定需要考虑一定的非线性而取有效刚度，要求其按一定比例进行刚度折减。构件刚度减小造成位移角的相应增加。

（3）对于层间位移角，中国规范规定抗震设计时，楼层位移的计算可不考虑偶然偏心的影响，而在新西兰规范则规定位移角计算时应考虑10%建筑总长度的偶然偏心，此因素也对两国规范下位移角的计算结果有明显影响。

表2.6　最大位移角和差异比

模型	②	④	⑤	⑥	⑦
最大层间位移角	1/850	1/830	1/1467	1/674	1/448
与模型②差异比	0.00%	+5.95%	-42.03%	+26.19%	+89.88%

第七节　本章小结

通过算例分析，对比中国和新西兰规范下的层间位移角得出结论如下：

（1）综合考虑地震输入差异与计算参数不同因素后，对于正常使用极限状态下隔墙采用柔性连接的钢筋混凝土框架结构房屋，中国和新西兰两国规范对弹性层间位移角限值的宽严程度基本接近。

（2）对于隔墙采用刚性连接的钢筋混凝土框架，由于中国规范只考虑隔墙刚度造成的地震输入增大，而未考虑其对位移的有利贡献。计算结果表明：中国规范下算出的位移角是新西兰规范下的2.5倍左右。

（3）新西兰规范针对不同的隔墙类型给出了不同的层间位移角限值，此方法对于正常使用极限状态的目标更有针对性。

第三章 中国与新西兰轻型木结构设计标准技术内容对比研究与思考

新西兰轻型木结构建筑在长期的工程实践中积累了成熟的经验，本章将我国《木结构设计标准》（GB 50005—2017）中有关轻型木结构的设计规定和新西兰轻型木结构建造与设计标准的发展历史、技术内容和产品标准进行对比分析，并依据我国规范思考适用于国内软件应用现状的轻型木结构设计方法，可为国内轻型木结构设计者提供一定的借鉴与参考。

轻型木结构是指主要由木构架墙、木楼盖和木屋盖系统构成的结构体系，如图 3.1 所示，适用于三层及三层以下的民用建筑。在新西兰，轻型木结构建筑应用十分广泛且应用历史悠久，因而新西兰在长期的工程实践中积累了成熟的轻型木结构设计及建造经验，形成了完善的工业体系及规范体系。新西兰位于地震多发区，沿海地区也常年受海风影响，在多年的实际工程应用中，新西兰轻型木结构经受住了地震及飓风的考验，因而新西兰木结构设计规范中对于轻型木结构的抗震及抗风设计的相关规定及要求对于我国的轻型木结构设计及规范编制工作具有极好的借鉴意义。

近年来，我国的木结构在建筑行业中的应用取得了一定的进展，但相对于欧美及澳大利亚、新西兰的木结构建筑行业而言，我国的木结构建筑行业还存在着一定的不足与发展空间。随着我国提出 2030 年实现碳达峰、2060 年实现碳中和的低碳经济目标，笔者相信未来木结构建筑会在中国获得更大的应用与发展空间，而在我国木结构建筑行业发展过程中吸取其他国家的成功经验，是推动行业快速发展的重要助力。本章试图通过比较中、新两国轻型木结构设计标准、设计理念、技术框架等内容，求同存异，为国内轻型木结构设计者提供一定的借鉴与参考。

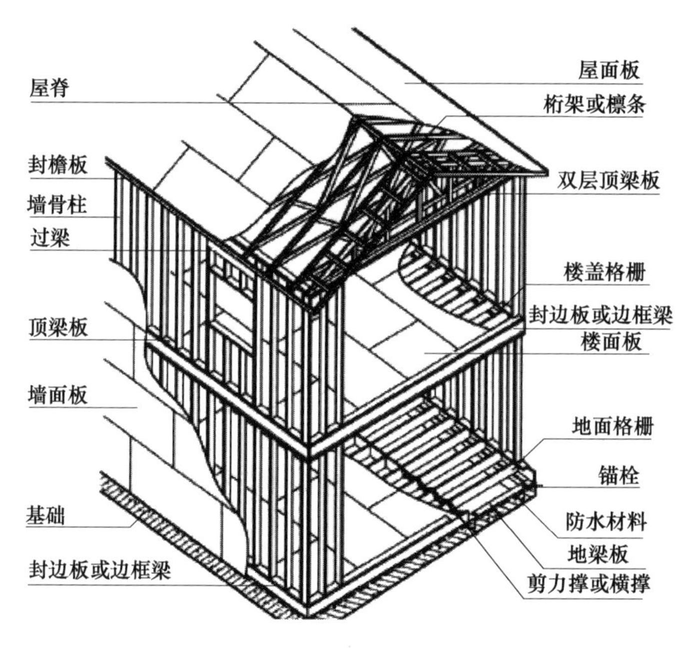

图 3.1　轻型木结构体系

第一节　中、新轻型木结构设计标准简介

一、 我国轻型木结构设计标准简介

随着现代木结构在国内的发展，相关主管部门为了规范木结构设计等市场行为，投入了一定的人力、物力，制定编制了一系列与木结构技术有关的标准和规范，颁布了《轻型木桁架技术规范》(JGJ/T 265—2012)、《木结构设计标准》(GB 50005—2017)、《木结构试验方法标准》(GB/T 50329—2012)、《木结构通用规范》(GB 55005—2021)、《木结构工程施工质量验收规范》(GB 50206—2012)、标准图集《木结构住宅》(07SJ924) 等规范、标准、图集。

《木结构设计标准》(GB 50005—2017) 是我国木结构建筑相关标准中最重要的标准，最新修订版本为 2017 版，本规范第九章为有关轻型木结构设计的相关规定及要求。对于木构架墙、木楼盖和木屋盖的设计及构造要求做了详尽的规定。

轻型木结构的屋盖体系常由木桁架形成，因而对于轻型木结构屋盖的设计，除需参考《木结构设计标准》（GB 50005—2017）外，也应参考《轻型木桁架技术规范》（JGJ/T 265—2012）相关设计要求。

二、新西兰轻型木结构设计标准简介

新西兰最早的建筑行业标准颁布于1935年12月，随着国际土木工程学科发展及建筑行业发展，新西兰建筑行业标准中有关木结构的标准内容及规范体系不断扩充完善，目前广泛运用的木结构标准主要为《木材公制尺寸》(《Metric dimensions for timber》NZS 3601)、《建筑用木材及木制品》(《Timber and wood-based products for use in building》NZS 3602)、《木材结构标准》(《Timber Structures Standard》NZS 3603)、《木框架建筑》(《Timber-Framed Building》NZS 3604)、《建筑用木桩和木杆》(《Timber piles and poles for use in building》NZS 3605)、《木材材性检定》(《Verification of timber properties》NZS 3622)、《新西兰木材分级规则》(《New Zealand timber grading rules》NZS 3631)、《圆形木材和锯材的化学保存》(《Chemical Preservation of Round and Sawn Timber》NZS 3640)，涵盖木结构设计、施工、材料等方方面面，其中《木框架建筑》(《Timber-Framed Building》NZS 3604)为专门针对轻型木结构设计施工编制的国家标准，对应我国《木结构设计标准》第九章相关内容。最新版本为《Timber-Framed Building》(NZS 3604—2011)。和一般的结构设计规范不同，《Timber-Framed Building》(NZS 3604—2011）规范主要以条文和图表的形式给出建造及设计方法，该建设规范的制定有助于快速建造符合各项性能指标要求的房屋。《Timber-Framed Building》(NZS 3604—2011）规范虽有一定的工程结构理论依据，但更主要的是基于工程经验，其中包含了很多构造方面的要求。

第二节　中、新轻型木结构设计标准技术内容对比

轻型木结构主要指由木构架墙、木楼盖和木屋盖系统构成的结构体系，适用于3层及3层以下的民用建筑。我国和新西兰轻型木结构设计标准均逐一对各组成部分设计方法及连接形式做了相应规定。

一、 木剪力墙抗侧力设计

对于木剪力墙而言，除了承受竖向荷载外，设计中最需注意的问题是木剪力墙的抗侧设计。我国木结构设计标准中的抗侧力设计方法主要有构造设计法和计算设计法。构造设计法是一种基于工程经验的设计方法，当建筑物满足一定条件时，可不做抗侧力计算，仅验算竖向构件的承载力，这种方法仅适用于低烈度区，且结构较为规则的3层及3层以下建筑；而工程设计法与常规混凝土结构、钢结构一致，通过计算及构造措施使结构满足承载力极限状态及正常使用极限状态下的要求。

新西兰由于积累了较多的工程实践经验，并且有较为完善的木结构产业链条及工业产品体系，新西兰轻型木结构设计采用的是基于工程经验、试验数据及计算分析结果的构造设计方法，主要以图表的形式给出设计方法，无须大量计算。

对于抗侧力，新西兰设计规范提出了支撑线（Bracing Line）的概念，新西兰设计规范认为木剪力墙按一定构造要求外覆经标准认定的工业石膏板可提供抗侧力，且提供的抗侧力可根据相应的产品说明进行量化。在同一轴线附近外覆工业石膏板的墙体组成一道支撑线，同一方向的支撑线共同抵抗本方向水平荷载，如图3.2、图3.3所示。

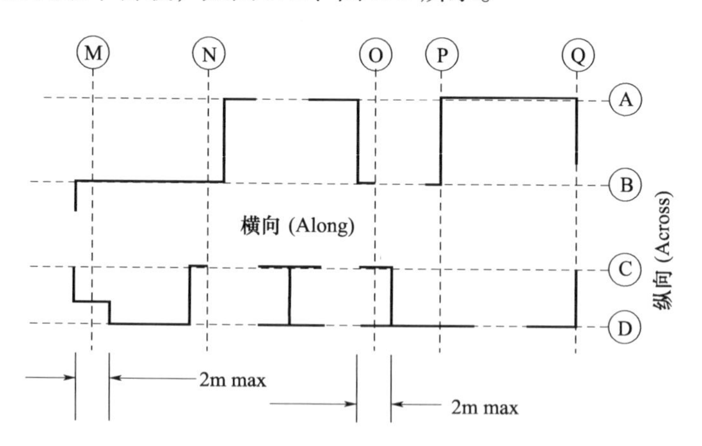

图3.2 支撑线（Bracing Line）分布示意图

新西兰设计中采用抗侧力大于抗侧需求的设计理念，依据建筑物层数、体型、尺寸、楼盖及屋盖材质、所处地震区及风荷载分布区查表可以得到建筑物抗侧力需求，抗侧力需求实质是基于底部剪力方法计算归纳的包络数据，而支撑线（Bracing Line）可提供的抗侧力是经过工厂出厂标准试验验证的，所以新西兰设计规范所谓的构造设计法实质是基于一定计算及试验结果的设计方法。

二、 楼盖及屋盖设计

对于一般格栅，我国规范规定按两端简支的受弯构件验算，而对于新西兰规范，则给出了不同使用荷载作用下，不同格栅间距情况下不同规格材的最大适用跨度。两者设计方法本质一致，新西兰由于较多的数据积累及木结构相关产业的工业化水平高，将更多产品手册类编制手法应用到规范的编制当中，大大提升了设计效率。

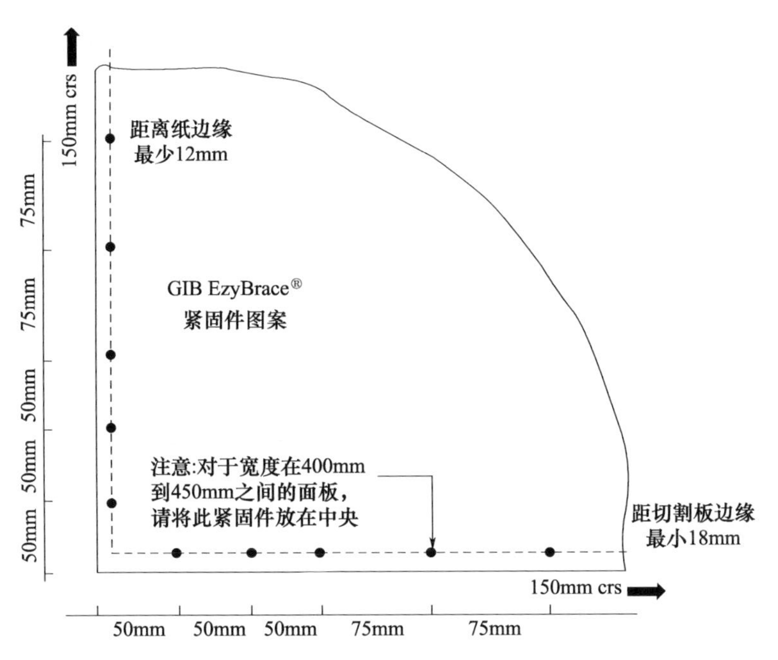

图 3.3　工业石膏板（Bracing Element）与墙体连接构造要求

对于楼盖及屋盖设计，我国规范的关注点主要是楼盖体系可否有效地传递水平力，给出了楼盖整体抗剪承载力公式以及边界杆件的验算公式，而新西兰规范中抗侧力主要通过覆在墙体上的支撑单元实现，因而对于水平楼盖体系，新西兰规范中规定了楼板与覆有支撑单元的墙体连接构造要求，根据 Bracing Line 的分布，楼板划分为规整的单元（diagram）与不同的支撑线墙体单元连接，从而形成完整的传力体系。新西兰规范认为只要满足条文构造要求即认为可有效传递水平荷载。

除格栅及整体楼盖设计外，新西兰规范中也规定了混凝土楼盖、室外区域楼盖及各组成构件的详细构造要求，从完整度上而言新西兰规范可以完整地指引轻型木结构的设计及施工。

三、 连接设计

轻型木结构的连接主要包括墙骨杆件之间连接、覆面板连接、格栅与墙体连接、主体与基础连接等。

两国规范对于轻型木结构各组成部分之间的钉连接均做了详尽的构造要求，施工时按构造要求确定钉长、钉间距可有效保证结构安全。而主体与基础的连接均采用螺栓连接，新西兰规范中同样通过构造要求明确螺栓连接规格，而我国规范需计算单个螺栓承载力，计算确定底部连接形式。

第三节　基于中国木结构设计标准的轻型木结构设计方法思考

一、 构造设计方法

通过对比中、新两国规范及实际工程应用可以看出，我国规范中提出的适用于三层以下较为规整结构的构造设计方法实际上与新西兰《Timber-Framed Building》（NZS 3604—2011）设计方法是一致的，两者均通过对于抗侧墙体间距、构造、本身尺度要求来控制建筑整体抗侧水平，因新西兰相关产品体系完善，因而构造设计方法应用范围更为广泛，且提出了一定的量化指标要求。我国结构规范限制构造设计方法的适用范围是符合我国国情的规定，同时在一定程度上降低了三层以下轻型木结构房屋的设计难度，对于轻型木结构在国内的发展有一定推动作用。

二、 计算设计法

对于不满足构造设计方法使用要求的建筑，需计算分析其墙体及楼盖、屋盖的抗侧能力。考虑到目前国内并无专门的木结构设计软件，合理模拟与手算是目前木结构计算设计法的可行实现方式。我国的设计理论是基于概率理论的抗力分项系数法，构件抗力可依据木结构设计规范得到，而如何合理模拟木结构构件在荷载作用下的反应是值得研究的问题。

对于体型较为规整的结构而言，可采用底部剪力法计算得到水平地震荷载，并依据墙体长度分配剪力进行单片墙体及边界杆件的验算。当结构形体存在一定的不规则性时，难免会出现局部薄弱及应力集中位置，此时需要合理模拟以针对性加强结构薄弱部位。我国规范将剪力墙及楼盖假定为工字梁，墙体覆面板及楼盖覆面板相当于工字梁腹板承受剪力，而边界杆件作为翼缘抵抗弯矩，因而工程应用中合理模拟边界杆件及覆面板是计算设计法需重点考虑的问题。

由于木基剪力墙构造复杂，有研究提出了不同的模型来模拟木基剪力墙，其中大多数采用非线性假定，虽与试验数据较为吻合，但建模相对繁琐复杂，缺乏工程实际操作性。此外，也有研究提出采用分层壳单元模拟木剪力墙，如图 3.5 所示，并通过实际的工程与试验对比确定其有效性。

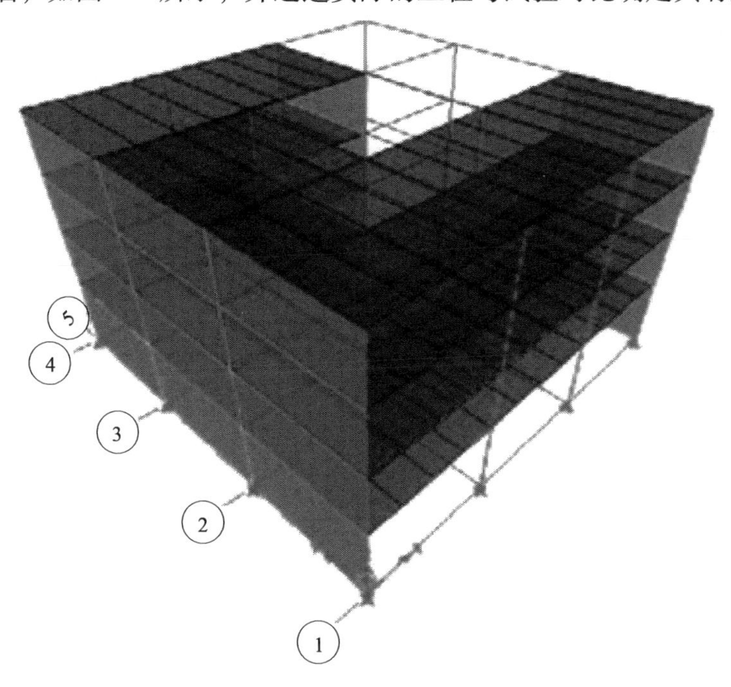

图 3.5　有限元模型示意

分层壳单元总共分3层，外侧层模拟定向刨花板或石膏板，厚度、弹性模量及其他材料参数按实际取值，中间层模拟墙骨柱，其厚度按等效宽度取值，弹性模量及材料参数按实际取值，楼板和屋面采用壳单元模拟，过梁及边界杆件采用梁单元模拟；木基剪力墙底部采用铰接支座，通过单元刚度修正来模拟钉间距变化对木基剪力墙抗侧刚度的影响。此种模拟方法建模方便且概念较为清晰，可作为底部剪力法的有效补充。

对于具有一定不规则形状的轻型木结构建筑，笔者建议按底部剪力法及振型分解法进行包络设计，同时依据软件模拟应力分布针对性加强薄弱部位。施工过程中严格按照构造要求实施，依此设计，可规范化设计流程并有效保证结构安全。

第四节 本章小结

我国的《木结构设计标准》（GB 50005—2017）与新西兰的《轻型木结构设计标准》（《Timber-Framed Building》NZS 3604）有各自的特点。新西兰由于积累了较多的工程实践经验，并且有较为完善的木结构产业链条及工业产品体系，工业体系的发展为新西兰木结构规范的编制也提供了大量的数据参考，设计标准与工业体系共同发展进步的道路值得借鉴。

我国结构规范限制构造设计方法的适用范围是符合我国国情的规定，同时在一定程度上降低了三层以下轻型木结构房屋的设计难度，对于轻型木结构在国内的发展有一定推动作用。

对于具有一定不规则形状的轻型木结构建筑，建议按底部剪力法及振型分解法进行抗侧力包络设计，依据软件模拟应力分布针对性加强薄弱部位，同时施工过程中严格按照构造要求实施，依此设计，可规范化设计流程并有效保证结构安全。由于国内缺乏专业的木结构设计软件，当采用计算设计法时，分层壳单元模拟木剪力墙，梁单元模拟边界杆件具有一定的可操作性及模拟可靠性，较为适合目前的国内轻型木结构设计及规范规定。

第四章　中国与新西兰门窗标准的对比研究

本章主要介绍新西兰门窗标准中所规定的门窗应达到的性能指标及各个性能的检测方法，并将之与国内标准进行了比较，指出两者之间相同与不同之处。

标准是判定产品质量好坏的依据，不同的产品有不同的标准，同一种产品，在不同的地区（国度）也会有不同的标准。最近按新西兰标准对建筑门窗进行了检测，对新西兰的门窗标准进行了阅读。本章对新西兰标准做一个简单的介绍，并就标准中所涉及的性能指标与国内标准进行比较，列出其两者在性能及检测方法上的不同之处，以供大家参考。

新西兰是大洋洲内仅次于澳大利亚的第二大国家，该国有很多标准是和澳大利亚一起共同制定的，但对建筑门窗新西兰却有自己的标准。新西兰的门窗标准是《窗的性能规范》（《Specification for Performance of Window》NZS 4211：1985），它主要包含了窗的性能指标、窗性能的检测方法以及窗的风压强度计算依据等。需要指出的是在新西兰门窗标准中明确规定了窗的含义，它不仅仅是普通意义上的窗，也包含了我们通常说的门，也就是说常用的平开门、推拉门都包括在内。

新西兰门窗标准中将门窗分为两大部分，即需要进行特别风压设计的门窗和不需要进行特别风压设计的门窗。对于不需要进行特别风压设计的门窗，只要根据建筑物所处的地区确定出最小设计风压值即可，即窗的等级不应小于安装地风压区域所对应的最低设计风压要求，见表 4.1。从表 4.1 中可看出，该标准将全国分为 4 个风压区域，只要根据相应的区域选定设计风压值即可。

对于任何需要进行风压设计的建筑，其计算出的适用风压值（SWP）和极限风压值（UWP）不能低于表 4.1 中的规定，也就是说，如计算出的风压值低于表中所相对应的值，则应以表中之值作为窗的风压指标值。

表 4.1　建筑物所处区域与窗的最小设计风压值

风域	适用风压，SWP /Pa	极限风压，UWP /Pa
低	250	650
中	325	850
高	460	1200
很高	600	1550

在表 4.1 中给出了一个适用风压值（SWP）和极限风压值（UWP）的概念，在标准中没有给出这两个值的具体意义，但从其字面意思可看出，所谓适用风压值也就是窗所适合使用的风压，而极限风压值也就是窗的最大极限使用压力。

该标准中规定了所使用的窗必须同时满足六大性能指标，而在这六大性能中，明确指出窗的强度和挠度、窗的水密性能是和设计风压值有关的两大性能。而其他性能，如窗的尺寸精度、窗扇的开启功能、窗的气密性能和窗扇的扭曲性能等则和设计风压值没有直接的关系，也就是说，不管设计风压值为多少，这几个性能都必须达到各自所规定的性能指标要求。

第一节　新西兰的标准中涵盖的检测内容

一、门窗的尺寸精度

新西兰标准中门窗尺寸精度包括两个部分：①材料的非直线性。这是指门窗构件可视面的平直度或垂直度在任何 1m 的长度范围内偏差不大于 ±2mm，以及整个构件长度内偏差不大于 ±3mm 等。这一指标和我国安装验收规范中的水平度和垂直度有相似之处，但它不是检查安装的质量，而是对样品窗进行检测。②门窗的非方正性。要求门窗两对角线长度之差不大于 3mm。这其实和国内所说的门窗的对角线长度之差完全相同，且控制指标也相似。

二、 门窗的开启操作性能

NZS 4211：1985 标准将开启操作功能分为初始开启力和持续开启力。即当门窗从关闭状态克服密封摩擦阻力而使门窗达到开启时所用的力为初始开启力，而保持门窗扇持续运动的力称为持续开启力。一般来说，初始开启力必然大于持续开启力，这从标准中所规定的指标值上也能看出，标准中规定门窗扇的初始开启力应不大于其持续开启力的 2 倍。

以上所规定的操作力指标皆是针对面积小于 $1m^2$ 的窗扇而言，当窗扇面积大于 $1m^2$ 时，其操作力指标值应做相应的增加。而对于推拉扇来说，规定了其两扇的开启力上下相差不应大于 10N。

对于水平滑动的窗型该标准中规定，其持续开启力应不大于 60N，对于其他开启形式的门窗，持续开启力应不大于 80N，见表 4. 2。而对于使用摩擦铰链的窗，应有一个阻止窗扇运动的力，这力的大小应是窗扇面积（m^2）的 35 倍（N）。

在我国的标准中，一般只有一个开启力（或启闭力），是指窗扇开启或关闭过程中的最大力。此力与新西兰标准中的初始开启力相当。而对于持续开启力国内标准中没有相似的要求。国内标准中开启力的大小没有涉及窗扇的大小，即不管窗扇多大都是一个开启力指标值。在这一点上新西兰标准就比较灵活，设了一个 $1m^2$ 的界限。对于阻止窗扇运动的力，在塑料门窗标准中要求使用滑撑的平开窗其窗扇的开启力应大于 30N 而小于 80N，这大于 30N 基本上就可以看成是这一力，只是数值有所不同而已。新西兰标准中是以窗扇的面积大小来决定此力的大小，而国内标准则是一个固定值 30N。

表 4. 2　操作力规定值

窗扇类型	最大力/N
水平滑动	60
其他类	80

三、 门窗整窗强度及挠度变形

对于强度及挠度性能检测，新西兰标准规定：整窗进行风压试验时，在其相应的适用风压值（SWP）下，窗上所有的构件由于弯曲而产生的最大挠度值，应不大于1/360构件的跨度值。它与国内标准所不同的是，它不管用什么玻璃，也不管是不是玻璃，都是以1/360跨度值来进行控制的。这一适用风压值在检测控制时类似于国内标准的P_1值检测时的控制，但国内不是一个控制指标，而是依据单层玻璃和中空玻璃而分别取1/300和1/450跨度值来进行控制的。

新西兰的标准还规定，整窗在经受极限风压值（UWP）的正、负压试验后，试件应完整无缺、无破坏、无不稳定的现象，并且其残余变形值不能超过5%或2mm。此值相当于国内标准的P_3值，但其数值和国家标准略有不同，国内标准中P_3是2.5倍P_1的关系，但新西兰标准中其适用风压值和极限风压值两者只是接近2.5倍的关系。

和国内标准一样的是，当在未达到最大压力时样品窗部分或全部已损坏，或其挠度变形量已超出所规定的最大允许变形量时，试验即刻停止，以前一级设计风压值作为检测结果记录之。

四、 气密性能

新西兰的标准对窗的气密性能提出了三个等级水平，即水平2：该水平推荐用于空调建筑和有其他要求的情况；水平8：该水平推荐用于一般建筑；水平17：该水平适合于没要求的状况或以价格作第一因素的地方。

表4.3　气密性能指标值

气密等级		水平2	水平8	水平17
单位面积渗透量	L/(s·m^2)	2.0	8.0	17.0
	m^3/(s·m^2)	7.2	28.8	61.2
单位缝长渗透量	L/(s·m)	0.6	2.0	4.0
	m^3/(s·m)	2.16	7.2	14.4

其实该标准是将窗的气密性能分为三个级别，以水平2为最好，水平17为最差，具体数值见表4.3。在标准原件中所给出的数值单位是“L/(s·m^2)”，经单位转换可以得到在国际单位下的数值。如果单从数值上来看，其水平2相当于我国国家标准的3级水平，而水平8和水平17则低于我国国家标准的1级。但需注意的是新西兰标准中的气密性能数据是

在150Pa压力下检测而得的数据，而我国国家标准则是10Pa时的数据，这两个数据不能简单地直接进行比较，要经过一定的转换后才能比较。

确定气密性能属于哪一水平等级的方法和我国标准的方法一样，也是以被测窗单位面积的渗透量和单位缝长的渗透量两个指标来进行控制的。所不同的是新西兰标准是在150Pa时的渗透量，而我国标准则是在标准状态下10Pa时的渗透量。另外新西兰的标准还规定，对于水平2的窗应同时进行正压和负压的气密性能试验，而水平8和水平17的窗只做正压的气密性能试验。这点我国标准没有规定。气密性能的检测方法与我国标准中规定的检测方法也相类似，即用胶带密封窗上的所有开启缝，以测定其附加渗透量，然后撕去胶带测定窗的总渗透量，两者之差即为所需的检测值。该标准规定对附加渗透和总渗透，虽然只在一个压力值（150Pa）下进行检测，但要进行三次测定，取其平均值。这和我国标准既有不同又有所类似，我国标准是检测三樘窗，取其平均值。

五、 水密性能

新西兰标准对窗的水密性能的压力要求也是根据建筑物所在的风压区域而定的。当建筑物处于L、M风压区域时，最大水密性能检测压力为225Pa；当建筑物处于H、VH风压区域时，最大水密性能检测压力为330Pa；而对于需要特别设计的建筑物上用窗，其实际检测压力应为0.4SWP+120Pa。

水密性能的检测则不像我国标准按规定的检测压力值一级一级地检测上去，直到出现严重渗漏为止（定级检测）。新西兰标准则以规定出的水密性能压力值指标为基本数据，分别以该基本数据的25%、50%、75%、100%四个压力值进行加压，每一压力应保持2min，最大压力时应保持10min。这正好与我国标准相反，我国标准是在0Pa时淋水时间最长，要10min，而其他每一级则都是5min。该标准中规定水密性能检测时的淋水量是180L/（h·m^2），相当于3L/（min·m^2）。这与国内标准中的波动加压法的淋水量一样。

六、 窗扇扭曲变形强度性能

窗扇扭曲变形强度性能是新西兰门窗标准所特有的一个检测项目，且标准中明确规定，所有的窗必须进行这一检测。所谓窗扇扭曲变形强度性能是指将安装上玻璃的窗扇垂直地安装在试验架子上，三个角要用夹具固定住，保证这三个角在一个平面，并维持第四个角是自由角，向这一自由角作用一个垂直于窗扇平面的力，以每分钟（10+0.1）N的加载速度进行加载。每一间隔都应观察其变形量。窗扇的两个方向上的变形量都应进行测量，并且其最大变形应在允许范围内。所加压力的最大值为最大开启力的0.5倍。而允许自由角的最大变形为其最小构件长度的0.04倍或50mm。这一性能在我国标准中是没有规定的，但和我国标准中的“窗扇一个角被卡住时的翘曲试验”有一定的相似之处。

第二节　本章小结

综观整个新西兰的门窗标准，有其显著的特点，其气密性能是直接检测压力下的数值，较直观；而抗风压性能及水密性能根据风压区域划分检测等级，很实用，这和新西兰是个太平洋的岛国有一定的关系。

下篇

中国与澳大利亚建筑设计施工标准对比

第五章　中国与澳大利亚抗震设计规范对比研究

本章从抗震设防目标、抗震设防类别、场地分类、反应谱和抗震设计方法等方面对中国《建筑抗震设计规范》（GB 50011—2010）与澳大利亚抗震规范《澳大利亚标准：结构最小设计荷载-第四部分地震荷载》(《Australian Standard Minimum design loads on structures Part 4：Earthquake loads》AS 1170.4—2007）进行了详细的对比分析，并指明了两本规范的异同，有助于进一步理解我国《建筑抗震设计规范》(GB 50011—2010)，并提高对澳大利亚抗震规范 AS 1170.4—2007 的全面理解。

为了借鉴国外抗震规范的先进经验，国内学者对美国 UBC 规范、日本 BSL 规范和欧洲 Eurocode8 规范等抗震规范和我国抗震规范进行大量的对比研究，从抗震设防、场地分类、地震动参数取值及抗震设计反应谱、抗震承载力验算和变形验算等不同角度研究分析，得到不少有益的参考和结论。

本章选取 GB 50011—2010（简称中国抗震规范）和 AS 1170.4—2007（简称澳大利亚抗震规范)，从设防目标、设防类型、场地分类、地震反应谱和抗震设计方法等方面进行了详细比较和分析。

第一节　抗震设防目标

中国抗震规范沿用中国 89 版抗震规范 GBJ 11—89 提出的三水准设防，分别对应于 50 年超越概率 63%、10% 和 2% ~3% 的地震作用，对应地震重现期分别为 50 年、475 年和 2500 ~ 1600 年。设防目标为“小震不坏，中震可修，大震不倒”，即遭受多遇地震时，结构一般不受损坏或不需修理可继续使用；遭受设防烈度地震时，结构可能损坏，经一般修理或不需修理仍可继续使用；遭受高于设防烈度预估的罕遇地震时，结构不致倒塌。有研究指出，中国78版抗震规范TJ 11—78中开始“隐含”的小震地震作用Q_o，主要是考虑结构塑性变形的影响，根据Newmark等能量准则按下式求得：

$$Q_o = CQ_{eo} = \frac{1}{\sqrt{2\mu - 1}}Q_{eo} \quad (5.1)$$

式中，Q_{eo}为设防地震时的弹性地震作用；C为折减系数；μ为对应于规范规定破坏程度的结构允许延性系数，$\mu = \Delta_p/\Delta_y$，其中Δ_p、Δ_y分别为最大位移、屈服位移。

中国抗震规范中，小震地震作用则按设防地震作用的0.36倍（即1/2.8）统一折减取值，与中国78版抗震规范TJ 11—78中折减系数C的平均值大致相当。

澳大利亚抗震规范采用单一的设防水准，即以地震设计重现期为500年的地震作用作为基准设防地震作用；该规范以场地灾害因子Z的形式给出了地震重现期为500年澳大利亚地震区划。澳大利亚规范AS 1170采用NCC（澳大利亚国家建设法规）的设防目标：结构能够抵抗极端或频遇地震往复荷载，且结构整体稳定不发生倒塌破坏。设计地震作用取设防地震作用乘以折减系数S_p/μ（其中S_p为结构性能因子，μ为结构延性系数），对于不同延性的结构体系，S_p/μ取值为0.17、0.22和0.38。中澳抗震设计规范的基准设防地震作用地震重现期基本一致，具有可对比性；两者整体设防目标类似，要求在低于设防地震水准的地震作用下保持弹性，在等于或高于设防地震水准的地震作用下不发生倒塌破坏。

第二节　建筑物设防类别

中国抗震规范按现行中国抗震设防分类标准划分所有建筑的抗震设防类别，根据使用功能和灾害后果，将抗震设防类别及其抗震设防标准分为特殊设防、重点设防、标准设防和适度设防四类，分别简称为甲、乙、丙、丁类。

与中国抗震规范类似，澳大利亚规范AS/NZS 1170.0—2002对所有建筑物根据重要性、用途及灾害后果，进行了1、2、3、4共4个分级，见表5.1。

表 5.1　建筑物重要性分类

中国抗震规范	澳大利亚规范
甲类：重大建筑工程和地震可能发生特别重大灾害后果的建筑	4 级：需要发挥重要震后功能或与灾害控制相关的建筑
乙类：地震时使用功能不能中断或需尽快恢复的生命线相关建筑	3 级：容纳大量人群或高价值物资，或可能对大量人群造成危害的建筑
丙类：除甲、乙、丁类外的建筑	2 级：除 1、3、4 级以外的普通建筑
丁类：使用人员少且不致产生次生灾害的建筑	1 级：人员财产灾害风险较低的建筑

对比说明：中、澳规范均通过建筑物的功能、用途和地震破坏对人员及财产的危害和可能产生的次生灾害等因素进行建筑物的重要性划分，相应调整相关抗震设计，从而实现结构设计的经济合理。

中国抗震规范对于不同重要性等级的建筑，通过抗震设防烈度的调整来确定抗震措施和地震作用。该规范对甲类用高于本地区抗震设防烈度的要求确定地震作用，且按比本地区设防烈度高一度的要求加强抗震措施；对乙类按比本地区设防烈度高一度的要求加强抗震措施；丙类建筑不进行调整；对丁类建筑则允许适度降低抗震措施。可见，中国抗震规范中重要性等级对抗震设计的调整较复杂。

与中国抗震规范不同，澳大利亚抗震规范针对不同建筑重要性等级，给定了相应的地震重现期，在澳大利亚抗震规范中换算为不同的地震作用概率系数 k_p，从而直接调整地震作用的大小，详见表5.2；该规范中1、2、3、4 级重要性结构的地震作用概率系数分别为 0.5、1.0、1.3、1.8。

表 5.2　澳大利亚抗震规范中概率系数

地震作用年超越概率	地震作用概率系数 k_p	地震作用年超越概率	地震作用概率系数 k_p
1/2500	1.8	1/500	1.0
1/2000	1.7	1/250	0.75
1/1500	1.5	1/100	0.5
1/1000	1.3	1/50	0.35

第三节 场地类型划分

中国抗震规范以土层等效剪切波速 v_{se} 和场地覆盖层厚度 H 为主要指标来划分场地类型，共分为Ⅰ、Ⅱ、Ⅲ、Ⅳ共4类，其中Ⅰ类分为 $Ⅰ_0$、$Ⅰ_1$ 两个亚类。等效剪切波速的计算深度 D_c 取覆盖层厚度和20m两者的较小值。具体划分情况见表5.3。

澳大利亚抗震规范以地基表层30m内的等效剪切波速 v_{s30}、土层无侧限抗压强度、标贯击数 N_{SPT}、不排水剪切强度和场地覆盖土厚度5个指标来划分场地类型，分为A、B、C、D、E共5类，具体划分情况见表5.4。澳大利亚抗震规范对场地类型的划分方法与中国抗震规范基本类似，都将等效剪切波速和上覆土层厚度作为主要指标。中国抗震规范的等效剪切波速计算深度取覆盖层厚度 H 和20m两者的较小值，且所有场地类别均由等效剪切波速和上覆土层厚度指标共同确定。澳大利亚抗震规范中等效剪切波速主要用于A、B类场地划分，且等效剪切波速的计算深度为定值30m，此时不再考虑上覆土层厚度的影响，仅给出上覆土层的最小等效剪切波速；C、D、E类场地划分则以不排水剪切强度或标贯击数和上覆土层厚度为指标共同确定，并参考场地低幅值特征周期指标。

总体上讲，澳大利亚抗震规范场地分类的要求和类别较中国抗震规范细致，能更有效地细化抗震设防水准设定。但目前主流抗震设计规范使用的场地类别相关的反应谱理论属于概率统计学理论，仍受震源机制等其他因素的干扰，因此场地类别过于细化的划分意义不大。

表5.3 中国抗震规范场地类别划分

岩石的剪切波速或土的等效剪切波速/(m/s)	岩土名称和性状	土的类别	场地覆盖层厚度/m				
			$Ⅰ_0$	$Ⅰ_1$	Ⅱ	Ⅲ	Ⅳ
$v_{se}>800$	坚硬、较硬且完整的岩石	岩石	0				
$800\geq v_{se}>500$	破碎和较破碎的岩石或较软的岩石，密实的碎石土	坚硬土或软质岩石		0			

续表

岩石的剪切波速或土的等效剪切波速/(m/s)	岩土名称和性状	土的类别	场地覆盖层厚度/m				
			I_0	I_1	Ⅱ	Ⅲ	Ⅳ
$500 \geqslant v_{se} > 250$	中密、稍密的碎石土，密实、中密的砾、粗中砂，$f_{ak} > 150$MPa 的黏性土和粉土、坚硬黄土	中硬土		<5	≥5		
$250 \geqslant v_{se} > 150$	稍密的砾、粗中砂，除松散外的细、粉砂，$f_{ak} \leqslant 150$MPa 的黏性土和粉土，$f_{ak} > 130$MPa 的填土，可塑新黄土	中软土		<3	3～50	>50	
$v_{se} \leqslant 150$	淤泥和淤泥质土，松散的砂，新近沉积的黏性土和粉土，$f_{ak} \leqslant 130$MPa 的填土，流塑黄土	软弱土		<3	3～50	>50	>80

表 5.4　澳大利亚抗震规范中的场地类别划分

场地类别	土的类别	场地描述
A	坚硬至极坚硬的岩石	无侧限抗压强度大于 50MPa 或顶部 30m 厚土层等效剪切波速大于 1500m/s；且上覆土抗压强度不低于 18MPa 或等效剪切波速不小于 600m/s
B	岩石	无侧限抗压强度 1～50MPa 或顶部 30m 厚土层等效剪切波速大于 360m/s；且上覆土抗压强度不低于 0.8MPa 或等效剪切波速不小于 300m/s
C	浅层土	非 A、B、E 类场地，且场地低幅值特征周期不大于 0.6s 或土层厚度不超过表 5.5

续表

场地类别	土的类别	场地描述
D	深层土或软土	非A、B、E类场地，且上覆软弱土（不排水剪切强度小于12.5MPa或标贯击数小于6）厚度小于10m，并且满足场地低幅值特征周期大于0.6s或土层厚度超过表5.5
E	软弱土	以下土层或复合土层厚度大于10m：(1)不排水剪切强度小于12.5MPa的软弱黏土；(2)标贯击数小于6的松散砂土；(3)等效剪切波速小于150m/s的软土

表5.5　澳大利亚抗震规范中C类场地上覆土层最大厚度

土的类别和描述		岩土参数（代表值）		最大上覆土厚度/m
		不排水抗剪强度/kPa	标贯击数	
黏性土	软弱土	<12.5	—	0
	软土	12.5~25	—	20
	硬土	25~50	—	25
	坚硬土	50~100	—	40
	极坚硬土	100~200	—	60
非黏性土	极松散土	—	<6	0
	松散土	—	6~10	40
	中密土	—	10~30	45
	密实土	—	30~50	55
	极密土	—	>50	60
	碎石砾石	—	>30	100

第四节　地震反应谱

中国抗震规范以地震影响系数α的形式给出设计反应谱，地震影响系数由设计基本地震加速度、设计地震分组、场地类别以及阻尼比确定。中国抗震规范给出反应谱如图 5.1 所示。图中 α_{max} 为地震影响系数最大值；η_1 为直线下降段的下降斜率调整系数；γ 为衰减指数；T_g 为特征周期；η_2 为阻尼调整系数；T 为结构自振周期。

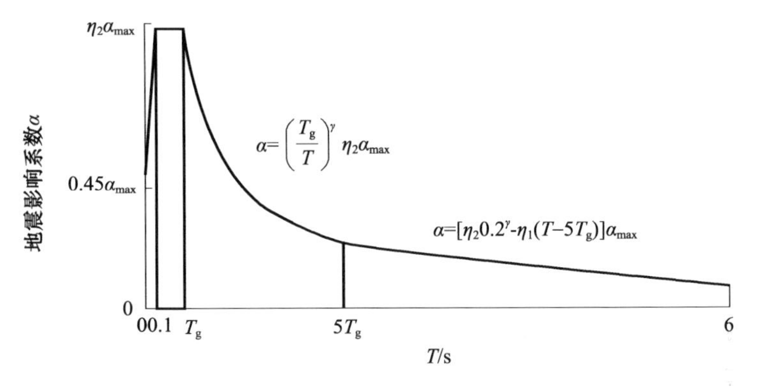

图 5.1　中国抗震规范反应谱曲线

澳大利亚抗震规范以谱形状函数的形式给出了不同场地的反应谱数值表达式。谱形状函数下降段以 $T=1.5\text{s}$ 为界，$T<1.5\text{s}$ 时 $C_h(T)=a_1/T$；$T>1.5\text{s}$ 时 $C_h(T)=1.5a_1/T_2$，如图 5.2 所示。

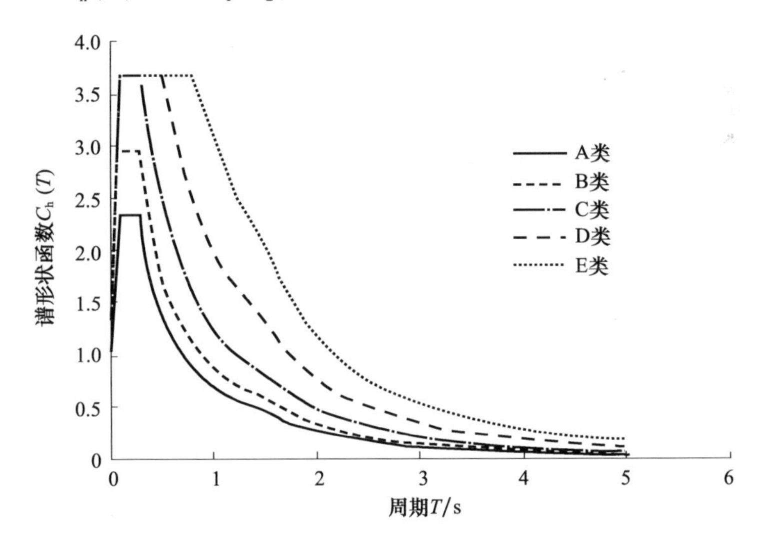

图 5.2　澳大利亚抗震规范谱形状函数曲线

通过对比，中澳抗震设计规范地震反应谱有以下区别：

（1）反应谱形状。中澳抗震设计规范给出的设计反应谱基本形状是相似的，都采用了上升段、平台段（加速度控制段）和下降段（速度和位移控制段）。图5.1中国抗震规范反应谱曲线，图5.2澳大利亚抗震规范谱形状函数曲线谱型，但是采用的数学表达式不同。

（2）反应谱平台段。澳大利亚抗震规范中，反应谱平台段数值直接由场地类别决定（A类场地2.35；B类场地2.94；C、D、E类场地3.68）；而中国抗震规范中 α_{max} 由设防地震动参数决定，未体现场地类别的影响，场地类别的影响体现在特征周期和下降段中。这表示场地类别不影响反应谱的短周期段，只影响长周期段，且场地类别的影响与地震强度无关，这与地震发生时的实际情况有所差异。以日本KiK－net强震数据库的地震动记录为基础的反应谱研究也表明加速度控制段动力系数值随场地条件变差而增大，并给出了相应的建议反应谱，与澳大利亚抗震规范精神一致。

澳大利亚抗震规范和中国抗震规范反应谱平台段起始点均为0.1s，平台段长度均与场地条件相关。澳大利亚抗震规范反应谱平台段长度由场地类别直接确定；中国抗震规范反应谱平台段长度取决于场地特征周期，后者由场地类别和设计地震分组共同确定。中国抗震规范通过设计地震分组来反映同样烈度、同样场地条件下，地震机制、震级大小和震中距等变化对反应谱形状的影响。总体上，中、澳两国抗震设计规范的反应谱平台段长度受场地类别影响规律基本一致，均为场地条件越差，反应谱平台段长度越长。

（3）反应谱下降段。反应谱下降段衰减指数 γ 是对长周期部分影响最为显著的因素。中国抗震规范规定，当阻尼比为5%时，曲线的下降一段的衰减指数为0.9；澳大利亚抗震规范与欧洲抗震设计规范类似，长周期下降一段与二段的衰减指数分别为1和2。两者相比，中国抗震规范反应谱在长周期段的下降趋势相对保守，并且给出了最小剪重比的要求，进一步提高了长周期段的地震作用水平。中国抗震规范反应谱位移控制段起始点周期取为5倍场地特征周期，因此与场地类别直接相关。澳大利亚抗震规范反应谱位移控制段起始点则取定值1.5s。长周期地震动反应谱研究表明，场地类型不同，反应谱位移控制段起始周期和场地特征周期线性相关性为中等偏弱，场地类型对位移控制段起始周期值影响不显著，其研究所得位移控制段起始点周期建议值为 3.5s。

（4）阻尼比影响。中国抗震规范反应谱调整系数 η_1、η_2 均仅与结构阻尼系数相关，用以反映结构阻尼比在结构地震响应中的影响；这与美国、欧洲等国家或地区的主流抗震设计规范基本精神一致。澳大利亚抗震规范中谱形状函数为固定函数，仅与场地类别相关，结构阻尼比影响也没有体现在结构性能因子和延性系数中。这与已有的地震动研究结论明显不一致。

（5）类似地震区划对比。中国抗震规范中多遇地震作用按设防地震作用的 0.36 倍（即 1/2.8）统一折减取值，反应谱动力系数统一取值 2.25。因此中国抗震规范中设计地震反应谱的地震影响系数 $\alpha_{max} = 2.25\alpha_{se}/2.8 = 0.8\alpha_{se}$，其中 α_{se} 为设防地震系数。

澳大利亚抗震规范设计反应谱函数 $C_d(T) = C(T)S_p/\mu = k_p Z C_h(T) S_p/\mu$，其谱形状函数满足 $C_h(0) = 1$，根据刚体动力不放大的原则，场地灾害因子 Z 的物理意义与中国抗震规范中设防地震系数 α_{se} 基本一致，即均为场地设防地震时最大地面加速度和重力加速度 g 的比值。

因此，可以通过参数转换直接对比中、澳两国类似地区的设计地震反应谱曲线。以澳大利亚 Gippsland 地区为例，地震灾害因子 $Z = 0.1$，结构重要性 2 级，混凝土框架结构；中国 7 度区（$0.1g$），丙类建筑，混凝土框架结构；则中澳设计地震反应谱对比如图 5.3 所示。

图 5.3 对比说明：

（1）澳大利亚抗震规范的普通延性框架，同等地震作用水准下，弹性设计反应谱短周期部分的取值明显高于中国抗震规范的取值，场地条件越差，差值越明显；随着结构周期变长则中国抗震规范的取值逐渐赶上并超过澳大利亚抗震规范取值。

（2）澳大利亚抗震规范的中等延性框架，同等地震作用水准下，非岩石类场地条件下中、澳两国抗震设计规范短周期段取值水平基本相同，长周期段则中国抗震规范取值明显高于澳大利亚抗震规范；岩石类场地条件下中国抗震规范在整个周期段取值均明显大于澳大利亚抗震规范。

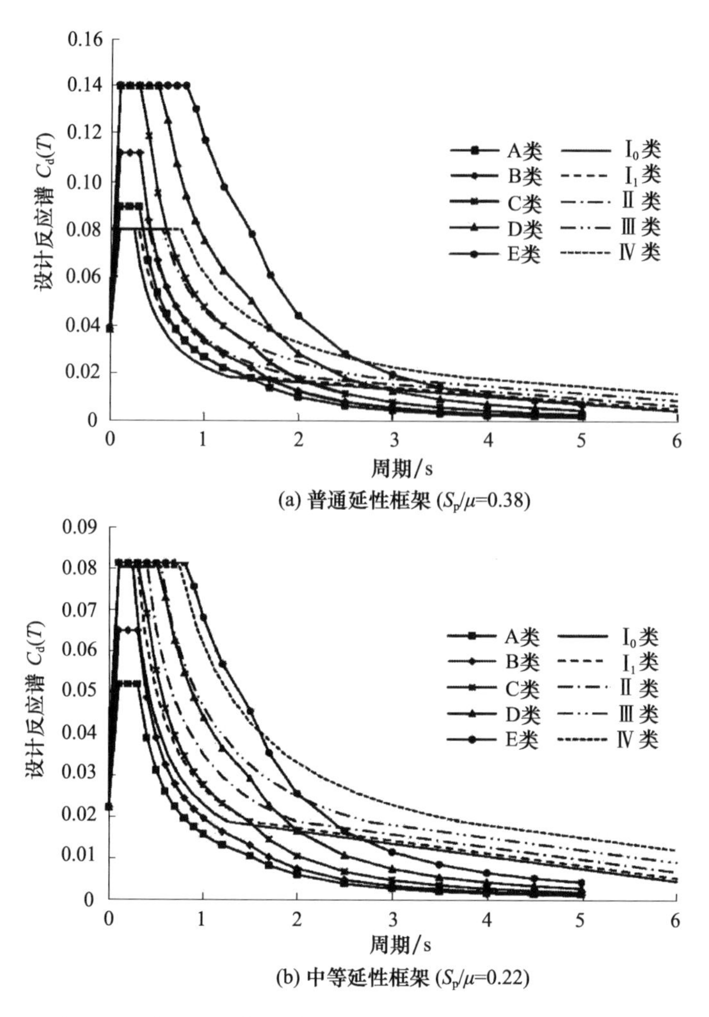

图 5.3 中澳抗震设计规范设计反应谱函数曲线对比

第五节 抗震设计方法的比较和分析

中国抗震规范采用统一折减后的“小震”弹性反应谱进行截面抗震承载力验算和弹性变形验算，这是中国抗震规范所特有的设计方法。中国抗震规范要求结构在小震下保持弹性状态，从而完全适用弹性理论，抗震计算主要进行承载力控制，并通过弹性变形控制验算保证结构不开裂，满足弹性假定。同时控制罕遇地震下的弹塑性变形，保证结构不发生倒塌破坏。澳大利亚抗震规范采用根据结构体系延性性能折减的设计地震弹性反应谱进行截面抗震承载力验算，而采用设计反应谱计算的弹性变形乘以放大系数μ/S_p来验算弹塑性变形，且层间位移角限值取为定值1.5%，保证结构整体稳定不发生倒塌。

中、澳两国抗震设计规范均给出了底部剪力法、振型分解反应谱法和动力时程法三种地震设计方法，设计原理基本相同，在具体设计中有以下区别：

（1）重力荷载代表值

中国抗震规范：

$$G_E = \sum G_{ik} + \sum \varphi_{Ei} Q_{ik} \tag{5.2}$$

对于普通楼面活荷载，φ_{Ei}取0.5，库藏类活荷载，φ_{Ei}取0.8。澳大利亚抗震规范：

$$W_i = \sum G_i + \sum \varphi_c Q_i \tag{5.3}$$

对于普通楼面活荷载，φ_c取0.3；库藏类建筑活荷载，φ_c取0.6。

（2）底部剪力法

中国抗震规范底部剪力法引入等效质量系数0.85来反映多质点系底部剪力法和单质点系底部剪力法的差异。楼层地震作用直接按倒三角线性分布，对于长周期结构引入顶点附加集中地震力系数，反映高阶振型的影响。结构的水平地震作用标准值按式（5.4）、式（5.5）计算：

$$F_{Ek} = \alpha_1 G_{eq} = \alpha_1 \times 0.85 \sum G_E \tag{5.4}$$

$$F_i = \frac{G_i H_i}{\sum_{j=1}^{n} G_j H_j} F_{Ek}(1 - \delta_n) \tag{5.5}$$

式中，α_1为对应结构基本自振周期的设计反应谱地震影响系数。澳大利亚抗震规范AS1170.4—1993中底部剪力法也采用楼层地震作用倒三角线性分布，但澳大利亚抗震规范中则根据结构周期长短给出了不同楼层地震作用分布形式，以反映高阶振型分量的影响。结构水平地震作用标准值按式（5.6）、式（5.7）计算：

$$\begin{aligned} V &= C_d(T)\, W_t = [C(T)\, S_p/\mu]\, W_t \\ &= [k_p Z C_h(T)\, S_p/\mu]\, W_t \end{aligned} \tag{5.6}$$

$$F_i = \frac{W_i h_i^{\ k}}{\sum_{j=1}^{n} W_j h_j^{\ k}} V \tag{5.7}$$

式中，W_t为结构整体重力荷载代表值；W_i、W_j 分别为 i 层、j 层结构重力荷载代表值；h_i、h_j分别为 i 层、j 层结构楼层所在结构高度；k 为楼层剪力分布指数，$T_1 \leqslant 0.5$s 时取 1.0，$T_1 \geqslant 2.5$s 时取 2.0，$0.5\text{s} < T_1 < 2.5$s 时按插值取值。

第六节　本章小结

（1）中国抗震规范采取 3 水准设防，澳大利亚抗震规范采取单一水准设防，两国规范的基准设防地震水平基本相当，具有可比较性。

（2）中、澳两国抗震设计规范对应建筑物重要性分类标准基本一致，中国抗震规范针对建筑物重要性等级对结构地震作用的调整较为复杂，澳大利亚抗震规范较为简单。

（3）中、澳两国抗震设计规范对场地类别的分类方法基本一致。

（4）中、澳两国抗震设计规范采用的反应谱基本形式相同，相同条件下，对于普通延性框架，澳大利亚抗震规范设计反应谱短周期段取值较中国抗震规范高，长周期段取值则较中国抗震规范低；对于中等延性框架，澳大利亚抗震规范设计反应谱短周期段取值与中国抗震规范基本相当（岩石类场地除外），长周期段取值则明显较中国抗震规范低。

（5）中、澳两国抗震设计规范采用的抗震设计方法类似，均采用折减后的设计弹性反应谱进行承载力验算；但中国抗震规范进行折减后的地震弹性变形验算和大震弹塑性变形验算，澳大利亚抗震规范则按折减后的地震弹性变形乘以放大系数 μ/S_p 进行弹塑性变形控制。

第六章 中国与澳大利亚混凝土规范配筋量对比

本章介绍了中国和澳大利亚混凝土结构规范中的基本理论、材料特性、荷载组合和承载力计算表达式，分析比较两国规范在设计参数取值和设计方法上的不同。通过混凝土简支梁算例，比较中国规范和澳大利亚规范的计算配筋量差异。

大洋洲是“21 世纪海上丝绸之路”的南向延伸地区，随着中国与大洋洲各国深入合作，该地区的国际工程项目也日益增加。大洋洲诸国由于受澳、新两个发达国家的长年影响，当地的工程建设大多直接采用澳、新两国的规范。对于混凝土结构设计，澳大利亚混凝土结构规范是《Concrete Structures》（AS 3600—2009），而中国规范则是我们较为熟悉的《混凝土结构设计规范》（GB 50010—2010）。本文以混凝土简支梁为例，通过两国规范中梁的计算公式和构造要求的比较，以分析两国规范在设计中的差异。

第一节 基本理论

中国规范混凝土设计采用承载能力极限状态设计，其表达式为：

$$\gamma_0 S \leqslant R \tag{6.1}$$

式中，γ_0为结构重要性系数，根据不同安全等级，取值 0.9 ~ 1.1，地震设计状况下取 1.0；S 是承载能力极限状态下作用组合的效应设计值；R 是结构构件的抗力设计值。

澳大利亚规范中混凝土的设计与我国规范类似，其表达式为：

$$R_d \geqslant E_d \tag{6.2}$$

式中，R_d为构件承载力设计值，取为 φR_u；φ 为承载力折减系数，对应不同内力工况有不同的 φ；E_d为内力设计值。

第二节　材料特性

中国规范规定的混凝土强度等级由立方体抗压强度标准值$f_{cu,k}$确定，共有 14 个等级，最低强度等级为 C15，而最高为 C80。澳大利亚规范中混凝土采用圆柱体抗压强度特征值f_c'，共有 8 个等级，其中最低强度等级为 20MPa，最高为 100MPa。在常用混凝土强度等级范围内，圆柱体试件抗压强度f_c'与立方体试件抗压强度$f_{cu,k}$之间的转换关系，可近似按下列公式确定：$f_c' = 0.8f_{cu,k}$，即将立方体试件抗压强度转换成轴心抗压强度，应折减 0.8。

澳大利亚规范在计算混凝土弹性模量 E_c时采用了平均原位抗压强度f_{cmi}，计算公式如下：

当$f_{cmi} \leqslant 40$MPa 时，$\rho^{1.5} \times 0.043\sqrt{f_{cmi}}$　　(6.3)

当$f_{cmi} > 40$MPa 时，$\rho^{1.5} \times 0.024\sqrt{f_{cmi}} + 0.12$　　(6.4)

两国规范相对应的混凝土强度等级，其弹性模量见表 6.1。中国规范常用混凝土结构的钢筋有 HPB300、HRB400 和 HRB500。澳大利亚规范中混凝土钢筋为 250MPa 和 500MPa 两种，圆钢主要为 250MPa，带肋钢筋为 500MPa，钢筋按延性等级又分为低延性 L 和普通延性 N 两类。

表 6.1　中、澳两国规范下混凝土弹性模量

规范类别	混凝土强度等级					
	C20	C25	C40	C50	C65	C80
GB 50010—2010	2.55	2.80	3.25	3.45	3.65	3.80
AS 3600—2009	2.40	2.67	3.28	3.48	3.74	3.96

第三节　荷载组合

中国规范对于一般排架、框架结构，荷载效应的基本组合表达式为：

$$S_d = \gamma_G S_{Gk} + \psi \sum_{i=1}^{n} \gamma_{Qi} S_{Qik} \qquad (6.5)$$

式中：S_d为荷载组合的效应设计值；γ_G为永久荷载分项系数；γ_{Qi}为可变荷载分项系数；ψ 为可变荷载的组合值系数。

澳大利亚规范关于荷载组合的规定与中国规范类似，对应于承载能力极限状态，澳大利亚规范规定了 7 种基本组合：［1.35G］，［1.2G + 1.5Q］，［1.2G + 1.5ψQ］，［1.2G + W + ψQ］，［0.9G + W］，［G + E + ψQ］，［1.2G + S + ψQ］。式中：G 为永久荷载；Q 为可变荷载，W 为风荷载；E 为地震荷载；S 为雪荷载或地下水压力或侧土压力；ψ 为组合值系数。

第四节　受弯承载力计算

对于矩形截面构件，中国规范的正截面受弯承载力公式为：

$$M \leqslant \alpha_1 f_c b_x (h_0 - x/2) + f_y{}' A_s{}' (h_0 - a_s{}') \tag{6.6}$$

$$\alpha_1 f_c b_x = f_y A_s \tag{6.7}$$

式中，x 为矩形应力图的受压区高区，其值可取截面应变保持平面的假定所确定的中和轴高度乘以系数 β_1。矩形应力图的应力值可取 $\alpha_1 f_c$，α_1 和 β_1 取值皆与混凝土强度等级相关。混凝土受压区高度尚应符合下列条件：

$$x \leqslant \xi_b h_0, x \geqslant 2a' \tag{6.8}$$

澳大利亚规范中计算的基本假定：（1）混凝土外边缘受压纤维的最大应变为 0.003；（2）不考虑混凝土抗拉强度；（3）混凝土受压边缘应力 $\alpha_2 f_c$分布在高度 a 的范围内。

$$M^* \leqslant \varphi M_{uo} \tag{6.9}$$

式中，M^* 为弯矩设计值；φ 为受弯承载力折减系数，$0.6 \leqslant \varphi = 1.19 - 13k_{uo}12 \leqslant 0.8$；$k_{uo}$为矩形应力图转换系数，与中国规范 ξ_b类似，一般情况下取为 0.36。

由平衡条件，受压区高度 a 的按下式计算：

$$a = d - \sqrt{d^2 - \frac{2|M|}{\alpha_2 f_c' b}} \tag{6.10}$$

$$a_{max} = \gamma k_{uo} d \tag{6.11}$$

式中，$\alpha_2 = 1.0 - 0.003 f_c{}'$，$0.67 \leqslant \alpha_2 \leqslant 0.85$；$\gamma = 1.05 - 0.007 f_c{}'$，$0.67 \leqslant \gamma \leqslant 0.85$；$b$ 为梁截面宽度；d 为梁截面有效高度。

当 $a \leqslant a_{max}$ 时，纵向钢筋可以通过下式计算：

$$A_s = \frac{M^*}{\varphi f_{sy}(d - a/2)} \tag{6.12}$$

第五节 受剪承载力计算

当仅配置箍筋时，中国规范的斜截面受剪承载力公式为：

$$V \leqslant \alpha_{cv} f_t b h_0 + f_{yv} A_{sv}/s h_0 \tag{6.13}$$

式中，α_{cv} 为斜截面混凝土受剪承载力系数，对均布荷载作用下 α_{cv} 取值 0.70，对集中荷载作用下 α_{cv} 取值 1.75（$\lambda+1$）；λ 为计算剪跨比。

澳大利亚规范的斜截面受剪承载力公式为：

$$V^* \leqslant \varphi(V_{uc} + V_{us}) \tag{6.14}$$

$$V_{uc} = \beta_1 \beta_2 \beta_3 b_v d_0 \sqrt[3]{A_{st}/(b_w d_0)} \tag{6.15}$$

$$V_{uc} = (A_{sv} f_{sy,f} d_0/s)\cot\theta_v \tag{6.16}$$

式中，V^* 为剪力设计值；β_1、β_2、β_3 为系数；φ 为受剪承载力折减系数取值 0.70；A_{st} 为纵向受拉钢筋面积；当 $V^* = \varphi V_{u,min}$ 时，θ_v 取 45°，当 $V^* = \varphi V_{u,max}$ 时，θ_v 取 30°，其间按线性内插法确定。截面最大和最小剪力可按下列公式计算：

$$V_{u,max} = 0.2 f_c' b_v d_0 \tag{6.17}$$

$$V_{u,min} = V_{uc} + 0.1\sqrt{f'_c} b_v d_0 \tag{6.18}$$

第六节 构造要求

中国规范纵向受力钢筋的最小配筋率为 $\rho_{min} = \max\{0.20\%, 0.45 f_t/f_y\}$，箍筋最小配筋率为 $\rho_{sv,min} = 0.24 f_t/f_{yv}$。

澳大利亚规范规定的最小配筋率为 $\rho_{min} = \alpha_b (D/d)^2 f'_{ctf}/f_{sy}$，$\alpha_b$ 取 0.20，f_{cty}' 为混凝土抗拉强度，其值为 $0.6\sqrt{f'_c}$；箍筋最小配筋率 $\rho_{sv,min} = \max\left\{0.6\sqrt{f'_c}/f_{sy,f}, 0.35 f_{sy,f}\right\}$。

第七节　算　　例

本文以计算跨度6m的混凝土简支梁为例，分别按中国规范和澳大利亚规范计算，以对比两国规范差异。混凝土梁截面尺寸250mm×500mm，恒荷载标准值 $g_k=20kN\cdot m$，活荷载 $q_k=15kN\cdot m$，混凝土强度等级为C30，纵筋采用HRB400，保护层厚度 $c=25mm$，不配置受压钢筋，箍筋采用HPB300。

7.1　纵筋计算

按中国规范计算：$f_c=14.3MPa$，$f_t=1.43MPa$，$f_y=360MPa$，$f_{yv}=270MPa$，$h_0=465mm$，$\alpha_1=1.0$。$M=(r_G g_k+r_Q q_k)\ l_0{}^2/8=202.5kN\cdot m$，由式（6.6）可得 $x=144mm$，$x<x_b=241mm$。由式（6.7）可求得纵筋 $A_s=1430mm^2$，$A_s>A_{s,min}=250mm^2$。综上，纵筋按 $A_s=1430mm^2$ 配置。

按澳大利亚规范计算：$f_c'=24MPa$，$f'_{ct,f}=0.6\sqrt{f'_c}=2.94MPa$，$f_{sy}=400MPa$，$\alpha_2=0.85$，$d=465mm$。$M=(1.2g_k+1.5q_k)\ l_0{}^2/8=209.25kN\cdot m$，由式（6.10）求得 $a=128mm$，$a<a_{max}=\gamma k_{uo}\delta=142mm$。由式（6.12）求得纵筋 $A_s=1631mm^2$，$A_s>A_{s,min}=212mm^2$。综上，纵筋按 $A_s=1631mm^2$ 配置。

由此可以得出，按澳大利亚规范设计，纵筋比按中国规范设计多配（1631－1430）/1430＝14.06%。

7.2　箍筋计算

按中国规范计算，$f_t=1.43MPa$，$f_{yv}=270MPa$，$\alpha_v=0.7$。$V=(r_G g_k+r_Q q_k)\ l_0/2=135kN$，由式（6.13）可得 $A_{sv}/s=(V-\alpha_v f_t bh_0)\ (f_{yv}h_0)=0.15$。$A_{sv}s=0.15<0.24f_t b/f_{yv}=0.32$，故箍筋应按最小配筋率配置，即 $A_{sv}s=0.32$。

按澳大利亚规范计算，$f_{sy,f}=300MPa$，$V^*=(1.2g_k+1.5q_k)\ l_0/2=139.5kN$。由于不配置受压钢筋，$A_{st}=0mm^2$，故不考虑混凝土的抗剪，即 $V_{uc}=0kN$。由式（6.17）、式（6.18）可知，$V_{u,min}=39.9kN$，$\varphi V_{u,max}=$

390.6kN，$\theta_v=40.74°$。由式（6.16）可求得 $A_{sv}s=V^*\varphi f_{sy,f}d_0\cot\theta_v=1.23$，$A_{sv,min}s=0.35b_v/f_{sy,f}=0.29$，$A_{sv}s>A_{sv,min}s$，故箍筋按 $A_{sv}s=1.23$ 配置。

由此可以得出，按澳大利亚规范设计，箍筋比按中国规范设计多配（1.23－0.32）/0.32＝2.84 倍。

第八节　本章小结

以简支混凝土梁为例，对比了中国规范和澳大利亚规范计算配筋量的差异，由结果分析得出以下结论：

（1）中国和澳大利亚混凝土规范的基本设计理论相同，均采用以分项系数表达的极限状态设计方法。

（2）在材料性能方面，中国规范的混凝土和钢筋均考虑了材料分项系数；澳大利亚规范针对不同的工况，提出了承载力折减系数 φ，其所起作用类似于中国规范的材料分项系数，例如构件抗剪计算时取 0.7，构件抗弯时则取 0.6～0.8。

（3）构件计算时，中国规范的混凝土和钢筋的强度采用了考虑材分项系数后的设计值；澳大利亚构件计算时材料强度均采用的标准值。

（4）抗弯设计时，按澳大利亚规范计算出的纵筋量更大，比中国规范计算出的配筋量多 14% 左右。

（5）抗剪设计时，按澳大利亚规范计算出的箍筋大约是中国规范计算结果的 2.84 倍；差异较大的原因是澳大利亚规范在梁最大剪力截面处，当没有纵向受拉筋时，不考虑混凝土部分的抗剪能力，剪力全部由横向钢筋承担。

（6）对于构造配筋要求，中国规范的纵向钢筋最小配筋率 0.20%，比澳大利亚规范的 0.17% 略高；最小配箍率要求，本算例中国规范下 $\rho_{sv,min}=1.27\%$，澳大利亚规范下 $\rho_{sv,min}=1.17\%$，可见两国规范对于最小配箍率的要求差别不大。

第七章　中国与澳大利亚门窗标准的差别

本章通过对澳大利亚门窗标准的详细剖析，介绍了在门窗检测方面澳大利亚标准与中国标准之间的差别，为国内门窗生产企业进入澳大利亚提供了一个理论标准上的依据。

随着中国门窗市场日趋饱和以及对外联系的日趋频繁，门窗业许多有识之士都着眼于将自己的产品打入国际市场。澳大利亚是一个较大的市场，近几年来进入澳大利亚的门窗数量越来越多，据不完全统计，2006 年仅从上海销往澳大利亚的门窗近 3 万平方米，产值约 2500 万元。

俗话说：知己知彼，百战不殆。同样，欲将自己的门窗销往澳大利亚，除了自己应具有一定的门窗生产能力之外，还要了解澳大利亚对门窗的要求，澳大利亚的门窗标准对门窗有何规定？与国内标准有何差别等？

我国的门窗标准是以制作门窗所用的材料来制定的，如塑料门窗分别有《未增塑聚氯乙烯（PVC-U）塑料窗》（JG/T 140—2005）和《未增塑聚氯乙烯（PVC-U）塑料门》（JG/T 180—2005）。同样铝合金门窗有《铝合金门窗》（GB/T 8478—2003）。对于其他材料制成的门窗，也都有相应的标准。

但澳大利亚的门窗标准是一个统一的标准，即《建筑物用窗——选择和安装》（《Windows in Building—Selection and Installation》 AS 2047），此标准是针对于使用任何材料制成的门窗。也就是说，不管是使用什么材料、也不管以什么方法制成的门窗，只要是用于建筑物上，都应满足此标准的要求；只要是门窗的各项性能指标都达到相应的性能要求，则判定该门窗为相应级别的门窗。

值得注意的是，虽然 AS 2047 标准的名称是《建筑物用窗——选择和安装》，但这里的“窗”涵盖的内容较广，在标准中对此“窗”的范围规定是：①窗；②可以滑动的玻璃门；③可以调节的百叶窗；④商店橱窗；

⑤整块框架式玻璃幕墙。也就是说，除了各类窗之外，推拉门也属于该标准范围之内。但标准中明确规定，铰链门（也就是国内常说的平开门）不属于本标准的范畴。这和国内标准是有较大的区别。

该标准将建筑物分为普通房屋（Housing）、民居建筑（Residential building）和商业建筑（Commercial building）三大类，对在各类建筑中所用的窗的性能要求略有不同，主要是对其挠度值的控制要求不同，具体见表7.1。对于普通房屋要求其挠度应不大于$L/150$，对民居建筑要求其挠度值不大于$L/180$，而对于商业建筑则要求最为严格，规定其挠度值不大于$L/250$。

表7.1　不同建筑用窗的挠度控制值

建筑种类	挠度控制值
普通房屋	$L/150$
居民建筑	$L/180$
商业建筑	$L/250$

在明确了标准的适用范围之后，可以详细地了解该标准对“窗”的具体性能要求了。在AS 2047中主要针对窗的挠度变形、控制力（操作力）、气密性能、水密性能以及窗的极限强度等性能进行了规定。

对于门窗的检测来说，澳大利亚制定有专门的检测标准，即AS 4420，它有六个子标准，涵盖了AS 2047中所涉及的全部检测性能指标。对于门窗的检测顺序，其标准中是这样规定的：

——正压挠度检测；

——负压挠度检测；

——操作控制力检测；

——正压气密性检测；

——负压气密性检测；

——水密性检测；

——正压极限强度检测；

——负压极限强度检测。

该检测步骤和国内标准相比，澳大利亚标准中将挠度的检测提到了前面做。对整窗的性能来说，这样做对窗的要求更为严格了，因为在门窗经过挠度变形试验后，其气密性能肯定是有影响的，这样做就更能真实地体现窗的质量了，这点和国内的标准是有较大的区别的。

第一节　挠　　度

在澳大利亚标准中，对门窗的等级确定是以挠度为主，再参照水密性能和极限强度来进行确定的，所以说挠度是一个很关键的项目。

对于挠度的检测方法与国内标准中的检测方法基本相同，但其规定了检测时要至少分四个增量来达到设计风压值，没有规定每一级增量至少要多少，而国内是要求增量不小于250Pa，并未要求一定要几个增量，这是有一定区别的。

对于等级的确定，是以在相应的设计风压下，其挠度变形值应符合表7.1中的规定。各等级相对应的设计风压值见表7.2。

表7.2　窗的等级要求

等级	耐用性设计风压值/Pa
N1	500
N2	700
N3	1000
N4	1500
N5	2200
N6	3000

第二节　门窗控制力（操作力）

这一性能主要是针对推拉门窗来设定的。所谓窗的控制力是指门窗在开启过程中所使用的力，它包括：

（1）门窗的初始开启力——即使扇从静止状态到使其运动所需施加的力；

（2）门窗的持续运动力——即保持扇持续运动的力。

这两个力的检测方法很简单，和国内扇启闭力的检测方法基本相同，只要用管形弹簧测力计钩住扇中部或五金件上的相应部位，拉动测力计，使扇产生（保持）运动，并测出其相应的力就行。在 AS 2047 中规定不管门窗用于什么建筑上，其控制力都应达到表 7.3 中所规定的指标。

我国标准中的启闭力检测是针对于任何种类的门窗进行检测的，包括推拉门窗和平开门窗，且是测定扇在整个开启过程中最大的力，其实这与澳大利亚标准中的初始作用力相当，因为要使物体（扇）从静止到运动产生的力往往要大于保持其持续运动的力。所以初始开启力一般都大于持续开启力。

表 7.3　控制力指标　　N

作用力	推拉窗类型		推拉门
	水平推拉	垂直推拉	
初始开启力	110	200	180
持续开启力	90	160	110

第三节　气密性能

气密性能是门窗三大性能之一，对澳大利亚标准来说也是如此，只是气密性能要求与国内标准略有不同。

首先，在澳大利亚标准中仅有单位面积渗漏的要求，而无单位缝长渗漏的要求，这和国内的不同。国内是两个指标都有要求，且以较低的值来进行定级。

第二，其气密性能是以 75Pa 和 150Pa 两个压力差下的渗漏量来判定的，分别达到这两压力差下的相应指标就为合格，否则就是不合格。而国内的检测则是通过 10Pa、50Pa、100Pa、150Pa、100Pa、50Pa、10Pa 七个压力差下的渗透量来换算成标准状态下 10Pa 时的渗透量来确定其等级的。

第三，对空调房间使用的窗有特别的要求，且要求较为严格，不但指标较严，其最大允许渗透量仅为非空调房的 1/5，且还要分别进行正压差和负压差的检测，非空调房间则只要进行正压差下的渗透性检测即可。在国内标准中没有空调房与非空调房之分，且不管用于何处，都要进行正、负压的检测，并以正、负压下的检测值中较低值来进行定级。

第四，对百叶窗（包括固定百叶和可调百叶）也规定了其气密性能要求，这在国内标准中是没有的。

具体气密性能指标见表 7.4。

表 7.4　气密性能指标

建筑物类型或窗的类型	压力方向	最大渗透量			
		75Pa		150Pa	
		L/(s·m²)	m³/(h·m²)	L/(s·m²)	m³/(h·m²)
空调	正压 负压	1.0	3.60	1.6	5.76
非空调	正压	5.0	18.0	8.0	28.8
百叶窗	正压	20.0	72.0	不适用	—
可调节百叶窗，民居和商业用房	正压	20.0	72.0	32.0	115.2

第四节　水密性能

水密性能是检验门窗耐雨水渗漏能力好坏的指标。和国内标准相比，澳大利亚标准的水密性能要求是：入门不低，等级不高。也就是说其最低要求是 150Pa，比国内的最低要求 100Pa 要高；但最高要求仅为 450Pa，小于国内的 700Pa，仅相当于国内标准的 4 级要求。在检测时，澳大利亚标准要求的喷水量是 3L/(m^2 · min)，相当于国内标准中波动加压法的喷水量。就加压过程而言，也与国内的略有不同，国内的是 100Pa、150Pa……一个一个检测级检测上去，而澳大利亚标准则是对样品进行 5min 的零压力差喷水，然后直接对样品施加设计压力，并保持喷水 15min，如不发生渗漏则为合格。这一检测较为简单明了，被检样品在设计压力差下不发生渗漏就是合格，发生渗漏就不合格，不需要花费较多的时间。另外，这一水密性能检测是在一个恒定压力差下进行，不像国内的台风地区的窗要进行波动加压检测。

值得一提的是，澳大利亚标准对可调百叶窗也有一定的水密性能要求，见表7.5。这在国家标准中是没有涉及的，国内对百叶窗的检测是个空白。

表7.5　水密性能压力等级　　Pa

等级	耐水性能测试压力	
	除可调百叶窗之外的所有窗	可调百叶窗
N1	150	150
N2	150	150
N3，C1	150	150
N4，C2	200	200
N5，C3	300	200
N6，C4	450	200

第五节　极限强度

国家标准中对强度的要求有 P_1、P_2、P_3 三个指标，且这三者之间都有一定的量值关系，即 $P_3=2.5P_1$ 和 $P_2=1.5P_1$。而在澳大利亚标准中规定的极限强度，从检测方面来看，类似国家标准中的 P_3，即在检测过程中加压至这一压力差值，观察被测样品窗是否发生损坏。从其量值上看，这极限强度值又接近于国标中的 P_2 值，即与挠度变形压力差值近似于1.5倍的关系，具体见表7.6。

在对门窗进行极限强度检测时，澳大利亚标准规定：当检测时如发生玻璃破损，则允许其更换玻璃后再次进行检测，如还发生破裂，则判为不合格；反之则应判为合格，这和国内标准也不相同。

表7.6　极限强度压力值　　Pa

等级	极限强度检测压力值
N1	700

续表

等级	极限强度检测压力值
N2	1000
N3	1500
N4	2300
N5	3300
N6	4500

从以上所述可知，澳大利亚的门窗标准与国内的门窗标准有相当大的差别，总体来说是：澳大利亚标准的入门要求较高，但最高等级要求不高。具体差别见表 7.7。

表 7.7　部分性能国标与澳标的差别　　Pa

国别	P_3		水密性	
	最低	最高	最低	最高
中国标准	1000	7000	100	700
澳大利亚标准	700	4500	150	450

从表 7.7 中可看出，澳大利亚标准的水密性能的最低值比我国标准的最低值高，但其最高值却低于我国标准；抗风压性能的最低值和最高值都低于中国标准。所以总体来说，要想将门窗销往澳大利亚并不需要很高级别的门窗，只要相当于国内标准的中级以上的水平即可。

第八章　中国绿色建筑评价与澳大利亚国家建筑环境评价系统

澳大利亚与中国同样面积广阔，国内各个地区气候存在一定差异，这一点与我国相似，同样澳大利亚与我国在整体气候环境也有相似之处，而气候环境是绿色建筑设计与指标制定的重要参考因素。而且澳大利亚因为地缘的关系与我国在经济贸易上的往来非常紧密，建材中有超过60%的材料是由中国进口。因此两国的评价体系具有很强的可比性。澳大利亚建成环境评价系统 NABERS 为独特的针对建筑建成运营周期的评价标准，为我国标准提供了如何衡量建筑运营的环境成本的范例。我国的《绿色建筑评价标准》（GB/T 50378—2019）简称 ESGB，作为涵盖整个建筑生命周期的绿色建筑评价标准，在建筑运营周期的各环节上还不够完善。

澳大利亚 NABERS 评价标准与我国绿色建筑评价标准的整体比较见表8.1，两种标准都是一级权重设定。不同的是在澳大利亚，各大项在总体星级评分结果中的权重可以自主设定，用来凸显各州对具体环境问题的重视不同，但是因为 NABERS 评价标准各分项都由独立的星级评分，具体项的结果也不会受到影响。在评价对象上来说，NABERS 主要针对建成建筑和改建建筑的运营情况进行评分，我国绿色建筑评价标准同时还针对新建建筑，涵盖范围广于 NABERS，但是对具体建筑运营的评价有所不足。

这两种标准在指标设定和指标分类的问题上涵盖了室内外环境、节约能耗与能源的利用、节约水资源与水资源利用以及环境的运营管理等多方面内容。不同之处在于我国的绿色建筑标准还考虑了选址和场地这一针对建造周期的指标，而 NABERS 标准包括了废物处理和使用者体验这两项针对运营周期的指标。在等级划分上，我国的绿色建筑评价标准只有三个星级，NABERS 分为六个星级，并且可以给出半星评分。另外，NABERS 的优势就是其提供了免费的网上自我评估工具，方便使用者的同时推动体系的推广。

表 8.1　我国绿色建筑评价体系与 NABERS 体系整体比较

评价体系		绿色建筑评价体系	NABERS 评价体系
权重体系		一级权重	一级权重，各州设定具体参数
评价体系		新建、扩建建筑，包括住宅、办公建筑、商场和旅馆建筑	既有、扩建、改建建筑运营周期评估，包括住宅、办公、商场、学校、数据中心、旅馆建筑
指标分类		6 大项指标，共 40 项评分项（公共建筑 43 项）	4 大项指标，14 分项指标
指标设置	相同	交通	交通
		室外环境	室外的环境景观的多种多样
		节约能源以及能源充分利用	能源、温室气体排放量
		节约水资源与利用	水资源
		室外环境质量	室内环境
		运营管理	运营管理
	不同	选址，土地利用，场地生态	垃圾排放及掩埋处理
			使用者满意调查
等级划分		三星评级	六星评级，可以给出半星评分
评估方法		专业人员评估	专业人员评估，网上免费自评

澳大利亚在推行绿色建筑及评价方面以政府为主导，以身作则为带动，配套法律法规为保障，以市场和舆论导向为机制，以公众和业主广泛参与为原则，以实现绿色、环保、节能减排为最终目标，措施到位，方法得当，无论在绿色建筑评价体系的对象研究方面、指标体系的设定方面、量化分析方面，还是在社会效益及推广应用方面都有独到之处，值得我们研究、学习和借鉴。

第一节　评价体系的实施政策方面

一、澳大利亚实施政策

澳大利亚政府为实现承诺的2020年的节能减排目标，不断推出相关政策和法规，以鼓励和引导企业、家庭减少碳排放。其中在建筑方面更显得任务艰巨，因此，建立绿色建筑评价系统、实行绿色建筑评价工作得到了政府的高度重视，法律法规等软环境建设不断完善，影响力也越来越大。

（1）强制性政策：根据2010年最新《商业建筑信息公开》法案中要求，新建2000m^2以上的办公建筑在出售、出租之前，必须通过建筑能效认证（BEEC），包括该建筑的NABERS能源星级评价，并且对新建居住建筑、商业建筑等要求达到规定的能效星级限定。信息公开且在相关认证网站上能够查询得到。

（2）相关配套政策：可再生能源目标法案（RET），包括商业房地产在内的企业能源效率（EEO）、全国温室气体以及能源行动2007法案等。

（3）相关激励政策：建立绿色建筑商业基金，用于对已有建筑节能改造提供支持和对相关工业对商用建筑方面节能技术研发提供资助；对绿色建筑实施减税政策，减税政策将促进对现有建筑的节能改造，一次性减免的税收金额甚至可以高达投资的50%。国家太阳学校计划、可再生能源补贴制度等，在推进绿色建筑实施方面起到了激励和促进作用。

（4）政府以身作则：各州政府对政府办公建筑的绿色评级都设定了强制要求，以做到以身作则。大部分澳大利亚的州政府都要求其政府建筑获得达到4星以上的NABERS评估。除此之外，澳大利亚的一些非政府组织同样为推广绿色建筑评级作出了自己的努力，比如澳大利亚不动产联合会的年度建筑评级中就有明确要求，获得其A级评级的建筑至少需要4.5星的NABERS能源评级，B级建筑至少需要4星的NABERS能源评级。获得高度评价的建筑可以提高建筑的价值和出租率。

（5）评价体系不断更新完善：澳大利亚绿色建筑评价系统主要由三套系统构成。一个是全国建成环境评价系统（NABERS）；一个是绿色之星（Green Star）；一个是建筑可持续性能评价（BASIX）。NABERS是一种基于对既有建筑物的绿色评价系统，评价数据来源于对已建成的建筑的现实测量；BASIX是一个基于网络的规划工具；Green Star则侧重于对设计和建造项目的环境可持续性评价。三个系统相互支撑，构成了一个对规划、建筑师、工程师、开发商、租赁和所有者的一个有实际信息价值和动力源泉的反馈系统。

二、我国实施政策

2009年联合国气候变化大会在哥本哈根召开，会上中国政府指出，2020年二氧化碳单位GDP排放量比2005年下降40~45个百分点。为了达到这一目标中国政府也相应出台了一些节能减排措施。我国政府对绿色建筑发展的政策支撑可以从以下几个时间点进行考证：

（1）联合国环境与发展大会于1992年在里约热内卢举行，会上中国政府分别颁布了一系列法规、导则以及相关纲要，此举对绿色建筑的发展起到了积极的推动作用。

（2）建设部于2004年9月启动了“全国绿色建筑创新奖”，这一举措开创了我国绿色建筑发展的崭新阶段。

（3）2005年3月，一年一度的技术与产品展览会暨首届国际绿色与智能技术研讨会在京召开，会上颁布了《建设部关于推进节能节地型建筑发展的指导意见》并公布了获得“全国绿色建筑创新奖”的单位名单。

（4）《绿色建筑评价标准》于2006年由建设部首次正式颁布。

（5）“绿色建筑科技行动”合作协议于2006年3月由国家建设部和科技部联合签署，此次协议的签订奠定了科技成果产业化和绿色建筑技术发展产业化的基础。

（6）为了建立起一套符合中国国情发展的绿色建筑评价体系，我国建设部于2007年8月分别颁布了《绿色建筑评价标识管理办法》和《绿色建筑评价技术细则（试行）》。

（7）2008年，住房和城乡建设部组织推动绿色建筑评价标识和绿色建筑示范工程建设等一系列措施。相比较于澳大利亚政府的相关政策以及法规，我国的绿色建筑标准鼓励政策更多的还只是在起步阶段，缺少具体实施的条款以及有法律约束力的法案，而且缺少在经济上特别是税收等调控手段上对绿色建筑的鼓励和支持。

第二节　评价系统及评价方法方面

一、 评价对象 ESGB

评价对象所针对的建筑的适用范围包括四类，分别为：办公建筑、旅馆建筑、住宅建筑和商场建筑。其中，我国从已经参评的《绿色建筑评价标准》（GB/T 50378—2019）并且通过考察的建筑可以发现，实际主要评价对象为住宅中的居住小区和办公建筑。这和澳大利亚已经推出的 NABERS 标注适用建筑范围类似。NABERS 标准针对不同的建筑类型有相对应的评价工具与指标，这些设置又是通过具体采集相关类型建筑的各种数据来编写的。这一点值得我国绿色建筑评价标准学习借鉴。

二、 评价指标

评价指标是建筑评价体系的基本要素，一个国家绿色建筑评价指标的设立代表了其对建筑环境性能认识和关注的重点。通过对比评价指标和基准参数的设置，有助于了解不同国家对指标的设置和界定方法，对于完善我国的绿色建筑评价指标有很重要的意义。

NABERS 评价体系是针对建筑运营周期而开发的绿色建筑评价体系，在评价指标的选取上有很高的实时性。例如在 NABERS 能源评估工具中，主要的一个考察数据来源就是参评建筑过去 12 个月之内电费的使用账单，水资源评价体系同样要根据建筑过去 12 月之内的水费账单来开始测评。以能源评估项为例，具体两国在能源评估方法的对比见表 8.2，我国绿色建筑评价标准更多的是定性的分析，并且在给分的环节上，采用如果满足该项则给分，不满足则不给分的原则。NABERS 评价标准则分别统计建筑实际使用面积、建筑实际使用时间以及建筑实际消耗能源三个数据。在统计这三个数据的过程中考量了诸如空闲面积、公用面积、清洁能源使用等多方面影响，最后综合汇总得出建筑单位面积每年碳排放数据，结果准确直接。

表 8.2　绿色建筑评价标准节能部分与 NABERS 能源星级评分对比分析

绿色建筑评价标准节能与能源利用		NABERS 能源星级评分	
控制项	不采用电热水器，电热水器作为直接热源	建筑面积数据采集	统计整体建筑面积，建筑使用面积
	冷热源，输配系统和照明能耗分项计量		统计公共使用面积，乘以特定参数，去除空闲面积
	空调系统符合节能设计标准		汇总得出实际使用面积
一般项	合理采用蓄冷蓄热技术	能源消耗数据采集	建筑过去 12 个月能源消耗数据
	建筑外窗可开启面积不小于外窗总面积的 30%		统计建筑自身产生能源，如太阳能、风能等
	空调系统实现可调新风比措施		节能设施统计
	选用余热或废热提供需蒸汽或生活热水		统计是否使用外部清洁能源来源，如购买太阳能、风能发电
优选项	建筑设计总能耗低于国家批准节能标准规定值的 80%	使用时间数据采集	具体建筑针对人员使用时间统计
	可再生能源产生的热水量不低于建筑生活热水消耗量的 10%，可再生能源发电量不低于建筑用电量的 2%		具体建筑设备，电脑服务器，温控设备等使用时间统计
	采用分布式热电冷联供技术提高能源的综合利用率	数据汇总综合计算得出单位面积每年碳排放数据	

表 8.3 绿色建筑评价标准室内环境部分与 NABERS 室内环境评分对比分析

<table>
<tr><th colspan="2">绿色建筑评价标准室内环境质量</th><th colspan="2">NABERS 室内环境评分</th></tr>
<tr><td rowspan="9">控制项</td><td rowspan="2">建筑围护结构内部和表面无结露、发霉现象</td><td rowspan="5">室内空气质量</td><td>PM10 颗粒浓度统计，μg/m³</td></tr>
<tr><td>一氧化碳浓度统计，10^{-6}</td></tr>
<tr><td rowspan="5">室内游离甲醛、苯、氨、氡和 TVOC 等空气污染物浓度符合现行国家标准《民用建筑工程室内环境污染控制规范》</td><td>二氧化碳浓度统计，10^{-6}</td></tr>
<tr><td>微生物浓度，10^{-6}</td></tr>
<tr><td>其他有害物质浓度，10^{-6}</td></tr>
<tr><td rowspan="3">室内采光</td><td>建筑面积统计</td></tr>
<tr><td>白天光照等级</td></tr>
<tr><td rowspan="2">采用集中空调的建筑，房间内的温度、湿度、风速等参数符合现行国家标准《公共建筑节能设计标准》（GB 50189）中的设计计算要求</td><td>人工光源光照等级</td></tr>
<tr><td>室内布局</td><td>空间合理利用，保护使用者私人空间</td></tr>
<tr><td rowspan="4">一般项</td><td>建筑设计和构造设计有促进自然通风的措施</td><td>用户体验</td><td>使用者满意问卷调查</td></tr>
<tr><td>室内采用调节方便、可提高人员舒适性的空调末端</td><td rowspan="3">温度/湿度舒适度</td><td>室内平均采样统计温度，℃</td></tr>
<tr><td>建筑平面布局和空间功能安排合理，减少相邻空间的噪声干扰以及外界噪声对室内的影响</td><td>室内相对湿度采样统计，%</td></tr>
<tr><td>建筑人口和主要活动空间设有无障碍设施</td><td>室内风速采样统计，m/s</td></tr>
<tr><td rowspan="3">优选项</td><td>采用可调节外遮阳，改善室内热环境</td><td rowspan="2">声音环境</td><td>具体室内噪声采样统计</td></tr>
<tr><td>设置室内空气质量监控系统，保证健康舒适的室内环境</td><td>建筑隔声设施</td></tr>
<tr><td>采用合理措施改善室内或地下空间的自然采光效果</td><td colspan="2">综合各项得分参照基准参数得出室内环境评级</td></tr>
</table>

建筑面积、水费电费消耗，这些都是很容易获得并且准确性很高的数据来源，这一点可以在我国针对建筑使用周期的相关评价标准中得到应用。可以根据建筑所在地的具体能源来源以及水资源稀缺程度，对所采样的电费、水费设置标准化的转换参数，换算成标准的单位温室气体排放和单位面积年水资源消耗数据，可以跨地区横向对比的同时，也增加了对建筑运营周期的评估和考量。

NABERS 绿色建筑评价体系在指标的设定上有一个突出特点就是考虑了澳大利亚不同州和地区的环境条件。以 NABERS 能源评价体系为例，其在计算建筑标准化单位温室气体排放量的时候不仅考虑到了参评建筑所在地区的具体环境情况（如气候、温度等），同时也考虑了建筑所在地区所使用能源来源的情况。例如在以煤炭火电发电为主的维多利亚州，建筑所消耗的单位电能在转换为标准化温室气体排放量的时候所要乘以的基准转化参数就大于其他使用能源相对清洁的地区和州。这一设定方法使得跨地区建筑所评价产生的结果有很高的可比性，降低了因为地区差异为评价结果带来的影响。

我国同样是一个地域广阔的国家，气候区分布非常复杂，主要分为四个气候区，各个省份和地区的差异无论从气候条件上还是能源使用情况上都有自己的特点。因此为了使绿色建筑标准有更好的适应性，学习和借鉴 NABERS 在指标设定上的具体性和灵活性是很有意义的。

绿色建筑标准与 NABERS 标准在室内环境评级的具体对比见表 8.3，两种标准都对室内空气质量、室内温度湿度舒适度、声音质量作出考察，不过在具体的指标设定上，我国的标准更多的是以定性分析为主，相对笼统模糊，而 NABERS 标准则分类明确细致，参数分级设定严格，如图 8.1 所示。NABERS 绿色建筑评价体系在指标设定方面的另一个独到之处是在传统的室内空气质量、室内温度、室内湿度、声音、照明等参数的基础上，引入了使用者问卷调查这一指标，用户可以通过多项选择的方式回答来表达他们对参评建筑的室内环境的满意程度。这一指标可以考察建筑在实际使用过程中对用户的生活质量以及工作效率的影响，非常符合我国绿色建筑标准所倡导的以人为本的理念。其在调查问卷的设计上十分简洁，全部由多项选择题构成，并不需要花费被调查者很多时间，这些特点有很高的借鉴价值。

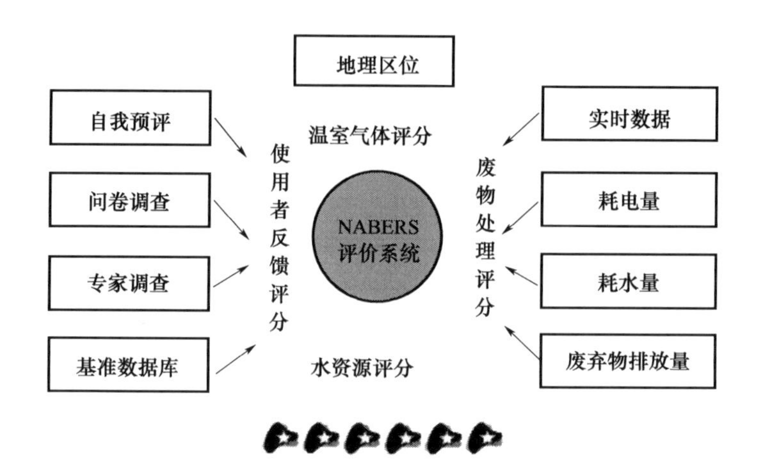

图 8.1　澳大利亚 NABERS 系统结构框图

在水资源这一评价指标上，NABERS 体系给与了不低的权重分值，这和澳大利亚整体的水资源缺乏有很大关系。在水资源具体评价指标的设定中，NABERS 不仅强调水资源的节约利用，也强调了对中水回收利用和雨水的利用。我国虽然整体水资源丰富，但是人均水资源占有量不足世界平均值的 28%，有超过 2/3 的城市存在缺水问题。在一些人口密集的地区，存在地下水超量开采等问题，因此 NABERS 对水资源在建筑实际运营阶段的用量分析和来源分析也很值得我国绿色建筑评价标准学习借鉴。

我国 ESGB（绿色建筑评价标准）评价指标体系分为六大类，包括：住宅建筑的运营与管理、室内环境质量、室外环境与节约土地资源、节材与材料资源的利用、节约水资源与水资源利用以及公共建筑的全生命周期综合性能。用于分类评价住宅建筑和办公建筑、商场、宾馆等公共建筑。这六项指标中的具体指标可分为三类，分别为优选项、控制项和一般项。其中，住宅建筑所占控制项数量为 27 个，40 个一般项、9 个优选项；公共建筑有 26 个控制项、43 个一般项、14 个优选项。其分项指标结构如图 8.2所示。

总体而言，我国绿色建筑评价标准在指标的设定上匹配性较弱，指标针对性和区域适应性也不强。因此，合理地设置建筑评价指标，特别是针对建筑运营周期的评价指标，可以帮助提高标准的针对性，最终达到实现建筑绿色环保的目的。

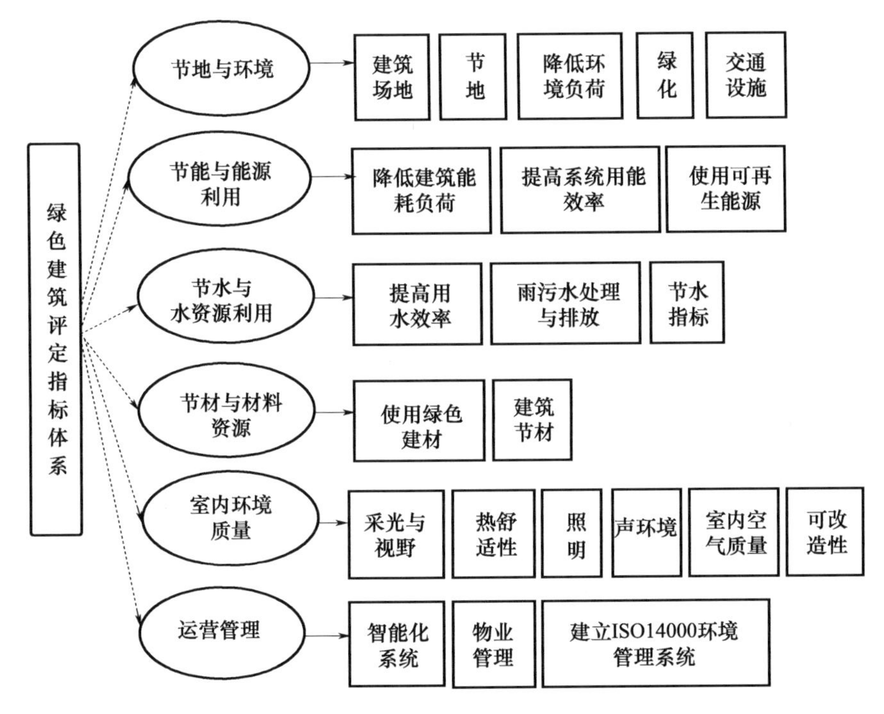

图 8.2　我国绿色建筑评定指标体系结构框图

三、 星级评定的量化

NABERS 评价体系采用的是星级评分方法，这一点上与我国的绿色建筑评价标准类似。在具体的量化评分方法中，NABERS 能源评分、水资源评分以及垃圾处理评分都是采用基准对比的方式来完成的。即澳大利亚每一个地区和州都根据自身的状况设定其具体的星级基准参数，如碳排放基准参数、水资源使用基准参数等，然后具体的评估参数通过和基准参数对比得出星级结果。

我国则是采用全国统一的指标设置，在灵活和适应性上有所欠缺。另外一点是我国采用简单的措施量化方式来评定星级，有满足评分要求的措施就给分，没有相应措施则不给分，这一评分方式虽然简单，但是不宜细致地区分建筑环境表现等级。

在具体的星级分级上，NABERS 共分六个星级，并且可以给出半星的评分，这意味着可以把参评建筑分为 12 个等级，而我国的绿色建筑评价标准只有三星的评分，并且只有整数星级，同样不够细致。

第三节　评价体系的社会效益及推广应用

一、 社会效益方面

NABERS 标准推出十余年，在澳大利亚的商业和地产业中赢得了广泛的声誉。获得 NABERS 评级不仅可以展示建筑的绿色环保属性，而且可以吸引租户，降低建筑运营成本，提高建筑价值。获得 NABERS 绿色建筑评级可以帮助建筑获得市场认可，更多地吸引投资者和租客。提高 NABERS 绿色建筑评价的星级则可以帮助建筑节水节能，降低运营成本。NABERS 绿色评价标准提供政府推荐的信誉良好的绿色建筑认证，彰显该建筑高效环保的经营方式，可以提高建筑的出租出售竞争力。根据 2009 年统计，在获得 NABERS 绿色建筑评价证书的办公类建筑中，如果建筑获得的星级评价越高，则该建筑的空租率就越低。其中获得四星以上评级的建筑的空租率在 3% 左右，而评星等级在零到两星的建筑的空租率则在 14% 左右。这说明获得高的 NABERS 绿色建筑评级有利于提高出租率。这些数据说明 NABERS 绿色建筑评价体系不仅仅是考察绿色建筑的评估工具，更直接和建筑的价值挂钩，这无疑使建筑的所有者和投资者更加注重建筑绿色属性，以保证其自身的利益和价值。

在这一方面，我国绿色建筑评价缺乏相关的统计和宣传，投资者在选择建筑时也较少参考建筑的绿色属性，究其原因根本上还是绿色建筑理念没有得到推广，建筑的价值更多的是由地段等其他因素所主导。这在一定程度上也是我国绿色建筑评价标准推广的阻碍。

二、 推广及应用方面

尽管 NABERS 评分系统仅仅推出 10 年，在澳大利亚已经有了广泛的应用。据澳大利亚环境和气候变化部的统计，截至 2009 年，已经有近 8.6 百万平方米的办公建筑面积（约占全澳可用办公面积的 41%）参与了

NABERS 评分，这和澳大利亚政府的政策和推广工作是分不开的。根据2005 年的亚太清洁发展和气候伙伴关系协定以及京都议定书，澳大利亚政府承诺 2020 年澳大利亚温室气体排放量将比 2000 年下降 5% 到 15%。为了达成这一目标，澳大利亚政府作出了推出鼓励和强制政策，以及税收鼓励等努力。2007 年，澳大利亚政府通过议会推行了《全国温室气体以及能源行动法案》，该法案规定能源生产，消费或者温室气体排放达到一定数值的公司必须注册报告。2010 年 7 月推出的《商业建筑信息公开》法案更是进一步要求建筑面积在 $2000m^2$ 以上的办公建筑在出租和出售之前，需要公开其最新的 NABERS 能源效率认证。这个认证可以在网上查询，既增加了评价结果的透明度，让投资者可以了解建筑在绿色节能方面的表现，同时也增加了 NABERS 的推广度和知名度。

同时 NABERS 的操作简单也从一定程度上帮助了这个体系的推广。NABERS 评价工具在其官方网站上提供免费的下载，用户可以通过网上评价工具进行自我评估，在了解建筑绿色属性的同时也熟悉了 NABERS 评价体系。官方网站上还有大量的评估案例供读者参考。同时 NABERS 官方评级的耗时和花费同样不高，这些都促进了这一评价体系的推广。

我国绿色建筑推广组织，在国家层面上主要由住房和城乡建设部科技发展促进中心负责，协同中国城市科学研究会共同推广实施。在地方层面上各主要省会及城市包括广西、上海、江苏、四川、新疆、深圳和厦门等 20 余个省市建立了相应的绿色建筑机构。

相比较而言，我国政府同样在推广绿色建筑标准上作出了一定的努力，但是实际情况是我国《绿色建筑评价标准》的推广相对缓慢。在这一方面，我国政府可以借鉴澳大利亚 NABERS 体系的推广方式，既要发动民间的力量，增加体系的简洁易懂属性，也要发挥政府的行政力量，在政策和法律法规上对《绿色建筑评价标准》给与扶持和鼓励。澳大利亚政府使用的一个重要方法就是税收政策上的倾斜，给与市场领先的绿色建筑以补贴，同时在澳大利亚，民间对绿色建筑的认同率高，绿色评价星级高的建筑更容易出售和出租，这也通过市场的方式给与了绿色建筑推广的支持。在这一点上，我国政府需要加强宣传力度，提高人民的环保意识，以节能节水为荣，以铺张浪费为耻。这样才可以更好更快地推广绿色建筑理念和《绿色建筑评价标准》的实施。

第四节　对我国绿色建筑评价标准的发展建议

一、 我国绿色建筑评价标准待完善之处

通过对两国绿色建筑评价体系的具体分析，两者均具有自身的优势。通过分析澳大利亚 NABERS 的可借鉴之处，并结合我国实际国情，绿色建筑评价体系仍有可完善之处。在具体的对比后对我国绿色建筑标准提出的总体待完善之处如下：

（1）我国的绿色建筑评价标准各项的量化指标较少。定性大于定量，仅对公共建筑居住建筑分了三个星级评价，如果投资者想要通过绿色建筑评级的结果来了解建筑的绿色属性，过少的分级和量化指标会影响对建筑的评估，因此我国的绿色建筑标准需要在量化指标细化上作出更深入的研究。

（2）绿色建筑标准更多的注重了评估专业人员对于建筑设计与建设阶段的绿色定性分析，忽视了使用者在居住和使用阶段的分析和评价。

（3）我国的绿色建筑评价标准在设计时力图涵盖建筑的全生命周期，不过从具体的评估项来看，更强调对建筑设计和建造阶段的评估，而忽略了使用阶段中实际效果的考察。

（4）我国制定的绿色建筑相关政策和标准绝大部分都是强制性的，缺少相关的激励性配套政策，而经济激励没有制度化和规范，将致使强制性的绿色评价体系难以有效实施。

（5）以我国标准为例，评估对象范围只涉及住宅建筑以及办公建筑、商业建筑、宾馆等公共建筑，诸如改造建筑、临时建筑等建筑类型并没有明确的评价标准，只能根据新建建筑的评级标准予以评估，显然缺乏准确性和科学性。

（6）我国的绿色建筑申报，手续繁琐，流程复杂。

二、 对我国绿色建筑评价标准的建设与发展建议

两国标准的发展策略极为相似，二者都将构建完善统一的建筑节能体系作为终极目标，对建筑物进行监管时配合相应的绿色建筑评价体系。我

国今后在推行绿色建筑及评价体系的发展中还有很长的路要走。

（1）要建立一个相对完善的制度和政策激励机制，澳大利亚 NABERS 标准与我国的绿色建筑标准推出年份相近，其在澳大利亚取得了很好的推广，这和澳大利亚政府的政策激励以及 NABERS 标准的制定机构对这一标准不断地更新和完善是分不开的。对此我国政府可以参考澳大利亚政府在推广绿色节能环保上的政策，从政府办公建筑开始，以身作则大力推广绿色建筑的理念和实施。

（2）要发展强制性的绿色建筑政策法规作保障，澳大利亚政府在《商业建筑信息公开》法案中规定大面积商业建筑在租售前需要获得并且公开其绿色建筑能源评级，这有利于投资人了解建筑潜在维护成本，保护投资人利益和推广绿色建筑评价体系。

（3）要逐步提高业界与公众的绿色节能环保意识，提高绿色建筑概念认知程度，澳大利亚 NABERS 绿色建筑评价标准的推广与建筑业界以及社会各界的参与是分不开的，民众对绿色建筑的认同率高，绿色评价星级高的建筑更容易出售和出租。在这一方面，我国政府需要加大宣传和教育力度，帮助绿色建筑理念推广，从而帮助绿色建筑标准的推广和实施。

（4）建立和完善系列绿色建筑标准体系，包括绿色公共建筑、绿色工业建筑、绿色房地产、绿色住宅工业化、绿色基础设施等；NABERS 绿色建筑评价体系是多个建筑评价工具的结合，包括针对不同建筑种类的具体量化评价标准。我国目前也在完善《绿色建筑评价标准》，在这一方面澳大利亚 NABERS 标准分类分别量化的方法也很有参考价值。

（5）提高绿色建筑技术，包括绿色建筑理论与实践、绿色建筑规划设计、绿色建筑结构、绿色建筑技术、绿色施工、绿色建材及绿色产业。

（6）推动绿色建筑市场发展。NABERS 标准除了在绿色建筑评估指导方面的应用以外，在澳大利亚也带来了很大的社会效益，获得 NABERS 绿色建筑评级有助于建筑提高自身价值，提高出租率。提高 NABERS 绿色建筑评级可以提高使用者的使用体验和工作效率、生活质量，减少建筑维护成本。这些都是在市场层面与绿色可持续发展理念相结合的实践。我国绿色建筑市场化才刚刚起步，绿色建筑评级还没能和建筑自身价值挂钩。对此，我国政府以及相关部门需要充分发挥市场的作用，凸显节能减排绿色建筑的市场优势，从而带动绿色建筑行业的发展。

第五节 本章小结

本章通过对澳大利亚 NABERS 与中国 ESGB 对比分析，解析说明了两个评价体系间的差异和各自的优势所在，具体反映在：政策层面上、评价对象方面、评价指标方面、量化评分方法方面、社会效益方面和推广应用等方面。在评价对象上来说，NABERS 主要针对建成建筑和改建建筑的运营情况进行评分，我国绿色建筑评价标准同时还针对新建建筑，涵盖范围广于 NABERS，但是在具体建筑运营部分的方面，指标设定大多以定性分析为主，没有 NABERS 标准的定量分级明确具体。

这两种标准在指标设定和指标分类的问题上涵盖了室内外环境、节约能耗与能源的利用，节约水资源与水资源利用以及环境的运营管理等多方面内容。不同之处在于绿色建筑标准还考虑了选址和场地这一针对建造周期的指标，而 NABERS 标准包括了废物处理和使用者体验这两项针对运营周期的指标。在等级划分上，绿色建筑评价标准只有三个星级，NABERS 分为六个星级，并且可以给出半星评分。另外一个 NABERS 的优势就是其提供了免费的网上自我评估工具，方便使用者的同时推动体系的推广。

正是因为 NABERS 标准横向对比性强，定量评估结果直接明确，使得获得 NABERS 绿色建筑评级可以帮助建筑获得市场认可，进而更多地吸引投资者和租客。提高 NABERS 绿色建筑评价的星级则可以帮助建筑节水节能，降低运营成本。NABERS 绿色评价标准提供政府推荐的信誉良好的绿色建筑认证，彰显该建筑高效环保的经营方式，可以提高建筑的出租出售竞争力，形成绿色建筑评级促进建筑价值提升的良性循环。

参考文献

[1] 王一功，周诚．中国与新西兰抗震规范中的地震输入对比分析［J］．建筑结构，2019，49（13）：6.

[2] 王一功，周诚．中国与新西兰规范中混凝土结构弹性位移角限值及有关影响因素分析［J］．世界地震工程，2018，34（2）：8.

[3] 张齐．中新轻型木结构设计标准技术内容对比研究与思考［J］．建筑结构，2021（051—S02）：051.

[4] 王汇川．新西兰、中国门窗标准之差异［J］．门窗，2009，000（004）：39-41.

[5] 程卫红．中澳抗震设计规范对比研究［J］．建筑结构，2018，48（5）：5.

[6] 周诚．中国与澳大利亚混凝土规范配筋量对比［J］．广东土木与建筑，2018，25（7）：3.

[7] 王汇川，寇玉德．澳大利亚门窗标准与国内标准之差别［J］．门窗，2008（3）：4.

[8] 隋馨．澳大利亚 NABERS 与中国绿色建筑评价对比分析研究［D］．天津：河北工业大学，2015.